과학으로 보는
4차 산업과 미래 직업

과학으로 보는
4차 산업과 미래 직업

ⓒ 지브레인 과학기획팀 · 이보경, 2019

초판 1쇄 인쇄일 2019년 11월 25일
초판 1쇄 발행일 2019년 12월 5일

기획 지브레인 과학기획팀   **지은이** 이보경
펴낸이 김지영   **펴낸곳** 지브레인^{Gbrain}
편집 김현주
제작 · 관리 김동영   **마케팅** 조명구

출판등록 2001년 7월 3일 제2005-000022호
주소 04021 서울시 마포구 월드컵로7길 88 2층
전화 (02)2648-7224   **팩스** (02)2654-7696

ISBN 978-89-5979-630-4(03400)

과학으로 보는

4차 산업과 미래 직업

지브레인 과학기획팀 기획

이보경 지음

　제4차 산업시대는 과학의 시대다. 인공지능, 사물인터넷, 빅데이터, 자율주행
차, 3D 프린터 등 4차산업으로 대표되는 직업은 곧 실현될 미래가 아닌 현재
진행 중이다. 이 모든 직업을 탄생시킨 기술적 배경은 인류가 지난 수백 년에
걸쳐 쌓아 올린 과학적 업적에서 비롯되었다. 인류 최고의 발명품 컴퓨터 또한,
코페르니쿠스부터 아인슈타인에 이르는 지난 500여 년 동안, 물리학과 전자기
학의 혁명적인 발전이 있었기에 가능했다.

　이러한 과학의 발전 뒤에는 과학을 표현하는 언어인 수학의 힘이 있었다. 뉴
턴이 물리학의 기초를 만들고 아인슈타인이 고전물리학의 판도를 뒤집어 현
대물리학을 탄생시킬 수 있었던 이유는 자연의 이치를 $F=ma$와 $E=mc^2$이
라는 수학의 언어로 표현할 수 있었기 때문이다. 수학으로 표현될 수 없는 과
학 이론은 그냥 가상의 이론에 불과하다. 전자기의 힘을 규명했던 외르스테드
와 앙페르, 패러데이보다 맥스웰을 전자기학의 시초로 인정하는 이유 중 하나
는 그가 전자기의 힘을 아름다운 4개의 수학 방정식에 함축하여 표현할 수 있
었기 때문이다.

　모든 과학적 이론은 수학으로 표현되고 증명될 수 있어야 법칙이 될 수 있다.

4차산업의 핵심인 컴퓨터를 움직이는 컴퓨터 하드웨어는 0과 1로 구성된 2진법 신호를 인식하고 전달하는 정교한 시스템이다. 인공지능, 빅데이터, 사물인터넷 등의 소프트웨어 프로그램은 함수, 방정식, 미적분을 기초로 한 고도의 수학 계산식이다. 결국 유기적으로 연결된 수학과 과학은 마치 동전의 앞뒷면처럼 인류의 최첨단 과학 기술을 견인해왔으며 미래에도 그 중요성은 더해 갈 것이다.

인류는 수학과 과학의 발전을 통해 빛나는 현대문명을 일구어냈다. 하지만 그 문명을 이끌어가는 것은 인류의 도덕과 감성 그리고 인문학적 소양들이다. 과학은 도구일 뿐이다. 우리가 이 멋진 수학과 과학의 힘으로 나가야 할 곳은 수학과 과학만이 판치는 회색 도시가 아니라. 평화롭고 자유로우며 지구 생명체 모두가 행복한 녹색 지구다. 이 책에서는 이러한 과학과 수학의 힘이 앞으로 우리에게 펼쳐질 미래직업 속에서 얼마나 큰 영향을 미치는가에 대해 다루었다.

이 책을 통해 생활 속에 과학, 흥미로운 과학, 즐거운 과학으로 가는 여정이 시작되기를 바란다.

이 보경

CONTENTS

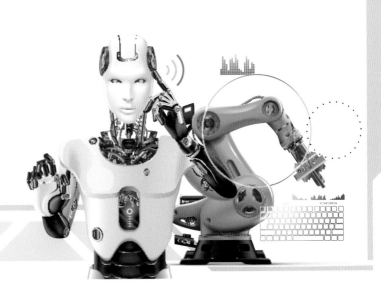

복합 문화 전문가 147

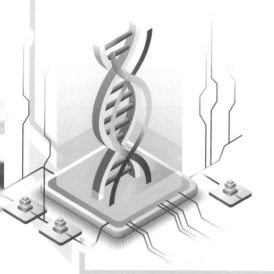

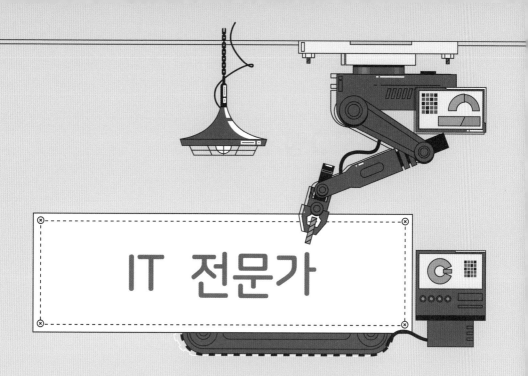

IT 전문가

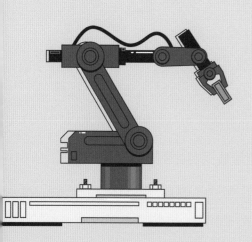

홀로그램 전문가

홀로그램 전문가란, 홀로그래피 원리를 이용하여 제작한 홀로그램 사진이나 영상을 연구, 개발하고 콘텐츠를 기획하며 다양한 분야에 접목하여 활용하는 전문가를 통칭한다.

관련 직업으로는 홀로그램 기술을 연구 · 개발하는 홀로그램 기술 개발 연구원, 홀로그램을 이용하여 영화나 공연, 전시 및 그밖의 다양한 창의적인 콘텐츠를 만드는 홀로그램 콘텐츠 제작자, 최적의 홀로그램 공연이 이루어질 수 있도록 기획, 설계하며 전 과정을 조율하고 총괄하는 홀로그램 공연기획자, 아름다운 홀로그램 영상을 만드는 홀로그램 디자이너 등 홀로그램 기술을 연구 · 개발하는 분야와 홀로그램을 이용하여 다양한 콘텐츠를 만들고 제공하는 서비스 분야로 크게 나눌 수 있다.

홀로그램 연구원은 기관이나 대학, 기업의 연구소에서 주로 일을 하며 홀로그램 기술 개발에 집중한다.

홀로그램 콘텐츠나 디자인, 공연 등을 기획하고 만드는 일을 하는 콘텐츠 제작자나 공연기획자, 홀로그램 디자이너 등은 홀로그램 전문 업체로 진출하거나 콘텐츠 개발을 통해 프리랜서로 일하기도 한다.

홀로그램 전문가로 성장하기 위해서는 홀로그램이 무엇인지 이해하고 공부해야 한다. 연구 개발 분야 관련 전공으로는 물리학, 광학, 전기공학, 전자공학, 컴퓨터 공학 등이 있으며 전문가 수준의 지식 습득이 필요하다.

홀로그램 서비스 분야에 진출하기 위한 관련 학과로는 시각디자인, 영상 그래픽디자인, 입체 영상기술, 공연기획 등이 있으며 홀로그램을 아름답게 구현할 수 있는 디자인적인 감각과 홀로그램에 대한 기본적인 지식과 이해가 필요하다.

1983년 마스터카드 위조방지를 위해 처음으로 사용되었던 홀로그램은 이후 의료, 저장매체, 설계, 전시, 공연 등 매우 다양한 분야에 활용되고 있으며 앞으로도 그 필요성과 이용가치는 더 높아질 것으로 전망된다.

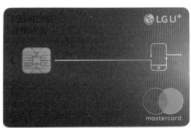

홀로그램

홀로그램에 담긴 과학 - 홀로그래피 원리(빛의 간섭 현상)

홀로그램은 실제 모습처럼 보이는 3차원 입체 영상이나 사진을 말한다. 홀로그램 기술은 홀로그래피 원리로 만들어진다.

홀로그래피 기술을 처음으로 개발한 사람은 1947년 헝가리계 물리학자인 데니스 가보어$^{Dennis\ Gabor,\ 1900\sim1979}$로 1971년 노벨물리학상을 수상했다.

가보어가 홀로그래피 원리를 발표할 당시에는 실험으로 홀로그램을 증명하기는 어려웠다. 홀로그래피를 완성하기 위해서는 곧고 선명한 빛이 필요했지만, 실험 조건을 충족시킬 수 있는 빛을 만들어 낼 수 없었던 가보어의 실험은 크게 주목받지 못했다.

과학의 한계는 어디까지일까?

하지만 1960년 레이저가 개발되면서 가보어의 이론은 재평가되었고 홀로그램은 구현되었다.

홀로그래피 원리는 빛의 간섭무늬 현상을 이용한 것이다. 홀로그래피를 완성하기 위해서는 두 개의 레이저 빛이 필요하다.

하나는 기준이 되는 빛으로 기준광 또는 참조광이라고 한다. 참조광은 어떠한 정보도 담고 있지

빛의 간섭무늬 형상이 궁금하다면 물 위의 파동 두 개가 중첩된 이미지를 떠올려보면 된다.

않은 곧고 균일한 레이저 빛이다.

또 하나의 레이저 빛은 물체광이라고 한다. 물체광은 피사체를 비춘 후 반사된 빛으로 피사체의 정보를 담고 있다.

홀로그래피는 이 두 개의 참조광과 물체광을 각각 다른 경로를 통해 필름에 쏘아 서로 중첩되게 만든 것이다. 이때 중첩된 두 빛의 파동이 만드는 밝고 어두운 띠로 된 간섭무늬 현상이 발생한다. 이 간섭무늬에서 나오는 빛의 정보가 필름에 저장되는 과정이 홀로그래피 원리다.

홀로그래피가 주목받은 이유는 기존의 2차원적 사진 저장법과는 획기적으로 달랐기 때문이다. 기존의 사진 저장기술은 2차원 평면 필름 위에 빛의 세기를 기록하여 피사체의 명암만을 저장할 수 있었다. 하지만 홀로그래피의 간섭무늬에서 발생하는 파동은 빛의 세기뿐만이 아니라 빛의 위상, 명암, 세기

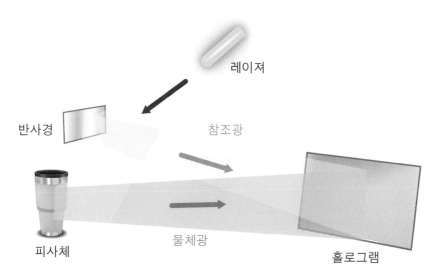

물체광과 참조광의 간섭무늬 현상을 이용한 홀로그램 이미지.

등 복합적인 정보를 담을 수 있다는 장점이 있었다. 특히, 빛의 위상에 대한 정보는 피사체의 3차원적 정보를 담게 된다. 이렇게 피사체의 3차원 영상 정보가 저장된 필름에 참조광과 똑같은 세기의 빛을 다시 비추게 되면 저장되었던 피사체의 상이 3차원 입체로 나타나게 되는데 이것이 홀로그램이다.

홀로그램은 신용카드나 지폐의 위조방지를 위해 쓰이는 그림이나 사진 형태의 홀로그램과 3차원 공간에 재생되는 3차원 홀로그램 영상 등 다양한 형태로 구현되고 있다.

지폐의 위조방지에도 홀로그램이 이용되고 있다.

그러나 아쉽게도 3차원 공간에서의 홀로그램 구현은 아직 갈 길이 멀다. 특히, 공연무대나 전시회에서 펼쳐시는 3차원 홀로그램 영성은 홀로그램과 비슷한 효과를 내는 것일 뿐 엄밀히 말하면 진짜 홀로그램이 아니다. 이것은 플로팅 기법이라고 하는 유사 홀로그램으로, 눈에 보이지 않게 설치된 빔프로젝터와 포일^{Foil}이라고 불리는 투명 스크린이 연출하는 눈속임이다.

관객이 보는 홀로그램 영상은 정교하게 설계된 포일 스크린의 반사광을 보는 것이다. 플로팅 기법은 생각보다 오래 전부터 이용된 무대 연출 기법 중 하나다.

완벽한 홀로그램 영상 구현을 위한 엔지니어와 과학자들의 열정은 과학적 이론과 기술을 꾸준히 발달시켜왔다. 특히 4차 산업혁명 시대에 진입하면서 가상현실이나 증강현실의 발전과 함께 게임, 영상, 공연, 지도, 교통 등 각종

제4차 산업시대에 가상현실, 증강현실은 각종 분야와 만나 새로운 세계를 열게 될 것이다.

서비스 분야에 홀로그램의 수요는 점점 높아지고 있다. 우리나라에서도 미래 창조과학부 'ICT R&D 중장기 전략'의 10대 핵심기술 중 하나로 홀로그램이 선정될 만큼 4차 산업을 이끌어갈 핵심 미래 기술로 주목받고 있다.

드론 조종사(무인항공기)

드론은 영어로 수벌을 뜻한다. 드론이 날 때 내는 소리가 마치 수벌의 날갯소리 같다고 해서 붙여진 별명이다. 드론은 무선으로 원격 조종하거나 프로그래밍 되어 있는 경로를 자율비행 하여 작업을 수행하는 무인기를 말한다.

드론을 처음으로 사용한 곳은 군대였다. 초창기의 드론은 공군기나 고사포, 미사일의 사격 연습용 표적으로 사용되었다. 이후 무선 기술의 비약적 발전으로 적군 깊숙한 곳까지 침투가 가능해진 드론은 정찰용 무인기로 발전했다.

이렇게 군용으로 쓰이던 드론이 2010년 이후 배송, 농약 살포, 방재, 촬영, 기상관측 등 다양한 생활 분야에 보급되기 시작하면서 민간으로 활용영역이 넓어지게 되었다. 또한 드론의 변화는 새로운 직업을 탄생시켰다.

드론과 관련된 직업으로는 크게 무선 조종 분야와 드론 코딩 분야로 나눠볼 수 있다.

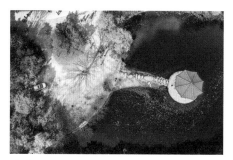

촬영.

농약 살포.

배송.

교통 관측.

　이 두 분야는 아직 걸음마 단계이긴 하나 미래 발전 가능성과 수요가 매우 높아질 직군으로 꼽히고 있다.

　드론 조종 분야의 대표적인 직업은 드론 조종사를 들 수 있다. 드론 조종사는 드론 조종법을 습득하여 다양한 분야에 활용하는 직업으로 제4차 산업시대에 접어들면서 관심이 높아지고 있다.

　전문 드론 조종사가 되기 위해서는 첫 번째, 드론의 안정적 운행을 위해 정확한 조종기술을 습득해야 한다. 조종기술이 부족하면 원하는 작업을 수행할 수 없고 드론의 추락으로 사람을 다치게 하거나 기물을 파손할 수 있기 때문이다. 안전 운행을 위해서라도 숙련된 조종기술은 필수다.

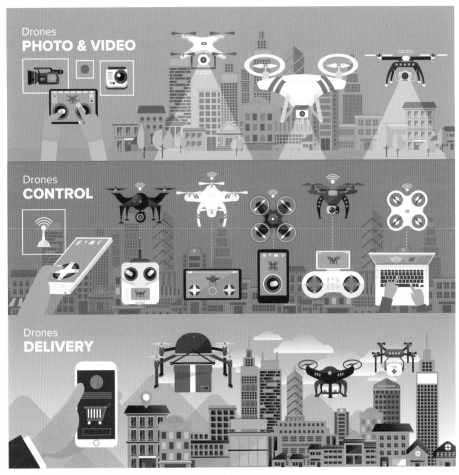

드론은 목적에 따라 다양한 분야에서 활동하게 될 것이다.

두 번째, 드론 조종사는 드론 기체에 대한 지식이 있어야 한다. 크기에 따라 다르나 일반적으로 생활에서 사용하는 드론은 직접 조립을 하는 경우가 많고 기체에 문제가 발생하면 현장에서 바로 해결해야 하는 상황이 빈번하다.

세 번째, 드론은 수동 조종뿐만 아니라 미리 설정된 경로를 따라 자동 비행도 가능하므로 프로그래밍에 대한 지식도 있어야 한다.

마지막으로 드론 조종사는 조종기술에 대한 지식뿐만 아니라 항공법, 기상에 대한 이해, 안전규제에 대한 지식을 갖추어야 한다.

드론은 안전상 문제로 비행 가능한 지역과 장소가 제한적이다. 전문 자격증을 취득한 드론 조종사가 방재나 농약 살포 등의 목적을 위해 신고된 상용 드론을 이용하는 것 외에는 아직 지정된 장소와 지역에서만 비행할 수 있고 일정한 높이 이상으로 비행할 수가 없다.

우리나라 항공법에는 연료를 제외한 12kg이 넘는 드론은 담당 지방항공청에 신고하고 교통안전공단으로부터 안전성 인증을 받아야 한다고 명시되어 있다. 12kg이 넘는 드론을 조종하여 사업을 하려는 사람은 반드시 초경량 비행장치 자격증을 따야 한다.

12kg 이하의 드론은 자격증과 신고 및 안전성 인증을 받을 필요는 없다, 하지만 안전수칙을 준수해야 하는 건 조종사로서 당연한 의무이다.

이밖에도 드론 조종 분야에는 새롭게 주목받고 있는 드론 스포츠가 있다. 현재 국제 드론 스포츠 챔피언십이 열리고 있으며 국제 드론 스포츠 연합DSI도 설립되어 있다. 대회 종목은 스피드 레이싱과 익스트림 뫼비우스가 있다.

드론 스포츠의 한 분야인 드론 경주와 드론 축구는 생활 속에서 사용되는 드론보다 훨씬 정교하게 훈련된 고난도 조종법을 요구한다.

이제 시작인 분야지만 드론 스포츠 분야를 선도하는 그 중심에는 인터넷 강국 한국이 있다. 한국은 드론레이싱 세계 챔피언을 배출했으며 드론 축구를 탄생시킨 종주국이다. 그래서 드론 조종에 관한 관심과 기대가 점점 높아져 가고 있는 중이다. 드론 스포츠의 선도국으로서 한국의 위상이 더욱 높아져 드론 축구와 레이싱 분야가 올림픽의 한 종목으로 부상할 날을 기대해본다.

군대의 연습용 표적에서 정찰기를 거쳐 방재, 촬영, 택배, 스포츠 영역까지 빠른 속도로 확장되고 있는 드론의 미래는 앞으로도 상상하기 어려울 만큼 무궁무진할 것으로 전망된다.

드론에 담긴 과학 - 양력, 추력, 항력

① 드론의 공중부양 원리 - 양력(작용반작용법칙)

드론이 수벌이라는 별명을 얻게 된 이유는 빠르게 회전하는 프로펠러 소리 때문이었다. 마치 수벌이 윙윙거리며 날아다닐 때와 흡사한 소리를 내는 프로펠러에는 드론을 어느 방향이든 자유롭게 비행할 수 있도록 만들어주는 역학적 원리가 담겨 있다.

드론은 헬리콥터처럼 수직으로 상승한다. 이륙을 위해 일정한 활주로가 필요한 고정익 항공기(날개가 기체에 붙어 있는 항공기)와는 다르다. 하지만 드론을 공중에 뜨게 만드는 법칙은 고정익 항공기와 똑같다. 그것은 양력이다.

고정익 항공기가 활주로를 달리며 공기를 날개에 보내어 양력을 발생시키는 원리라면 드론은 프로펠러의 회전을 통해 공기를 끌어들이는 방식이 다르다.

양력은 유체(물과 공기처럼 흐르는 액체와 기체) 안의 고체가 수직 방향으로 받는 힘으로 압력이 높은 쪽에서 낮은 쪽으로 작용한다.

양력이 발생하는 원리는 뉴턴의 역학 제2법칙인 가속도의 법칙과 제3법칙인 작용반작용의 법칙으로 설명할 수 있다.

드론의 프로펠러 단면은 고정익 항공기의 날개와 유사하다. 위쪽이 꺾인 모양으로 되어 있고 아래쪽은 평평하다. 이 꺾인 각도를 받음각이라고 한다. 받음각은 항공기의 양력에 매우 중요한 역할을 하는 요소로 공기의 흐름을 바꾸게 한다.

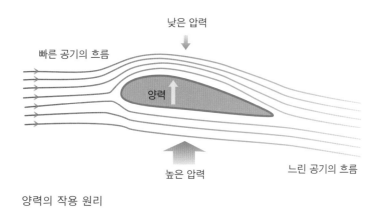

양력의 작용 원리

뉴턴의 제2역학법칙(가속도의 법칙)에 따라 공기 흐름의 방향과 크기가 바뀌면 속도가 변한다. 속도가 변하는 것은 곧 공기 흐름에 가속이 더해져 공기 흐름 속도가 더 빨라진다는 의미와 같다(뉴턴의 가속도의 법칙).

뉴턴의 가속도 법칙인 F(힘)$= ma$(질량×가속도) 공식을 적용해보면, 프로펠러 윗면을 지나는 공기 흐름에 속도가 빨라질수록 윗쪽 프로펠러에 가해지는 힘의 크기가 커진다. 결과적으로 프로펠러의 아래쪽으로 힘이 가해진다. 프로펠러의 아랫면에서도 윗면과 똑같은 상태가 발생한다. 이렇게 공기의 흐름이 바뀌면서 발생한 가속도에 의한 힘은 뉴턴의 역학 제3법칙인 작용반작용에 의해 프로펠러가 아랫쪽으로 받은 힘만큼 윗쪽으로 반작용의 힘을 받게 된다. 이 반작용의 힘이 중력의 반대방향으로 작용하는 것이 양력이다. 이러한 과정을 통해 발생한 양력이 드론을 공중부양할 수 있게 만든다.

드론과 비행기

② 드론의 비행 원리: 양력, 추력, 항력의 균형

드론이 항공기나 전투기와 다른 점 중 하나는 일정한 높이에 고정된 상태로 떠 있을 수 있다는 것이다. 이것을 제자리비행^{hovering} 또는 호버링^{hovering}이라고 한다.

일반적으로 드론의 프로펠러는 2개(바이콥터), 4개(쿼드콥터), 6개(헥사콥터), 8개(옥토콥터)의 짝수로 이루어져 있다. 드론이 공중부양을 하여 안정감 있게 제자리비행을 할 수 있는 데는 짝수로 구성된 프로펠러 덕분이다. 물론 프로펠러가 3개(트리콥터)인 드론도 있지만 거의 대다수가 짝수로 되어 있으며 비행 원리도 똑같다.

드론의 제자리비행을 가능하게 하는 원리는 각각 다르게 움직이는 프로펠러의 회전 방향으로 만들어진다. 프로펠러가 4개인 쿼드콥터를 기본으로 예

드론의 프로펠러 개수는 다양하다.

를 들어보자.

드론의 프로펠러는 서로 마주
하는 프로펠러의 회전 방향이
서로 반대이다. 하나는 시계방
향(cw)이고 하나는 반시계방향
(ccw)이다.

전면 왼쪽의 프로펠러 회전 방
향이 시계방향(cw)이면 전면 오
른쪽의 프로펠러 회전 방향은 반
시계방향(CWC)이다. 전면 오른

쿼드콥터를 호버링 중이다.

쪽의 프로펠러와 마주 보고 있는 후면 오른쪽 프로펠러는 시계방향(cw)이며
옆에 있는 후면 왼쪽 프로펠러는 반시계방향(ccw)이다. 결국 대각선으로 마
주 보는 프로펠러의 회전 방향이 똑같게 된다. 이때 프로펠러의 회전 때문에
발생하는 힘을 추력Thrust이라고 한다.

추력은 프로펠러의 회전이나 연료 분사로 주변의 유체를 밀어내면서 그 반
작용의 힘으로 발생하는 힘이다. 이때 기체는 추력의 반대방향으로 움직이게

된다. 여기에서도 뉴턴의 작용반작용의 법칙이 적용된다. 이런 원리가 드론에 장착된 4개의 프로펠러에도 적용된다.

추력을 관찰할 수 있는 예들.

드론에 장착된 시계방향으로 회전하는 프로펠러는 공기의 흐름을 시계 반대방향으로 움직이게 하여 드론을 시계 반대방향으로 이동하게 만든다. 이때 마주 보고 있는 프로펠러는 시계 반대방향으로 회전하면서 시계방향으로 드론을 움직이게 한다. 서로 마주하는 프로펠러의 추진 방향이 반대가 되어 4개의 프로펠러 추력은 서로 반대가 된다. 결국, 시계방향 프로펠러의 추력은 반시계방향 프로펠러의 추력에 대항하는 항력^{drag}(움직이는 물체의 반대방향으로 작용하는 힘)으로 작용하게 되는 것이다. 이때 드론의 기체는 추력과 항력에 의해 힘의 균형을 갖게 되고 제자리에 떠 있을 수 있게 된다.

드론 비행에 있어 또 하나의 장점은 방향전환이 매우 쉽다는 것이다. 일반 항공기와 전투기는 상하좌우 방향 전환에 많은 제약이 있으며 특히 후진을 곧바로 할 수 없다. 하지만 드론은 4개 프로펠러의 양력, 추력, 항력의 균형

을 조정하는 방법으로 상·하,
좌·우, 전진, 후진이 자유롭게
가능하다.

　힘의 균형을 조정하는 방법
은 프로펠러의 속도를 올리거
나 낮추는 방법으로 가능하다.

드론을 전진하게 하려면 드론의 뒤쪽 프로펠러의 속도를 높여주면 된다. 후면
프로펠러들의 속도가 빨라지면 드론 후면의 양력이 상승하고 드론은 앞으로
기울면서 수직으로 떠받치는 강한 양력에 의해 앞으로 밀려 나간다. 후진은
반대로 앞면 프로펠러의 속도를 높이는 방법으로 가능하다.

　이렇게 상하좌우의 프로펠러들의 속도를 올리고 내리면서 힘의 양력과 추
력, 항력의 조절을 통해 드론이 비행할 수 있게 되는 것이다.

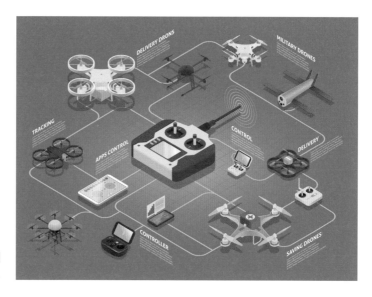

다양한 디자인의
드론과 조종기들.

사물인터넷 전문가

사물인터넷 전문가는 센서와 통신 기능을 탑재한 사물과 사물이 무선 인터넷을 통해 서로 연결되어 정보를 주고받는 기술과 환경을 개발하는 일을 하는 전문가를 통칭한다. 컴퓨터 프로그래머, 컴퓨터 보안 전문가, 네트워크 시스템 개발자, 통신공학기술자 등이 넓은 의미의 사물인터넷 전문가에 속한다고 볼 수 있다.

사물인터넷 개발자는 수많은 분야에서 다양한 직업과 연결되어 일할 수 있다. 그중에서 사물인터넷 전문가가 핵심적으로 하는 일을 간단하게 설명하면 다음과 같다.

먼저 사물인터넷 전문가는 사물의 정보가 담긴 센서를 개발한다. 사물 간의 연결을 위해서는 각 사물이 가지고 있는 정보가 매우 중요하므로 사물의 정보를 감지하는 센서 개발은 아주 핵심적인 일 중 하나다.

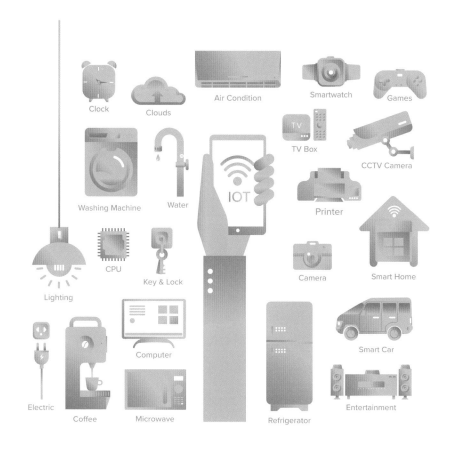

사물인터넷으로 할 수 있는 일들이 5G 시대가 되면서 우리 삶 전반에 걸쳐 이루어지고 있다.

두 번째는 사물 간에 취합된 다양한 정보를 스마트 기기로 전송해 기록할 수 있는 애플리케이션 개발이다.

세 번째는 무선 와이파이나 NFC(근거리통신망)를 이용해 사물과 사물 간 또는 사물과 인간 사이의 소통을 위해 만들어진 프로토콜(물리적 매개체나 컴퓨터 간에 정보를 주고받을 때의 통신방법에 대한 규칙과 약속)을 개발하는 일도 한다.

사물인터넷에 대한 부정적인 면은 개인의 사생활 침해와 정보 유출, 해킹의 위험에 노출될 수 있다는 것이다. 이러한 부작용을 최소화하기 위한 시뮬레이션을 통해 시스템 오류를 수정하는 것도 사물인터넷 전문가의 일이다.

사물인터넷 전문가가 되려면 통신공학, 컴퓨터 공학, 전자공학, 제어 · 계측 공학, 기계 공학, 소프트웨어 공학, 프로그래밍 언어 등을 공부해야 한다.

사물인터넷은 앞으로 그 발전 가능성이 무궁무진하고 다양한 분야와 접목될 수 있는 산업이다. 제4차 산업시대는 세상 모든 것이 인터넷으로 연결되는 초연결사회가 될 것이라고 학자들은 전망하고 있다. 불과 20년 전과 비교해 보아도 인터넷과 스마트폰으로 우리의 생활이 얼마나 크게 달라졌는지 알 수 있을 것이다.

사물인터넷의 발달은 우리 미래를 지금보다 더 촘촘하게 연결시킬 것이다. 그래서 사물인터넷 전문가에게는 창의성과 아이디어가 요구된다.

사물인터넷이 어떤 분야에 활용될 수 있는가를 연구하고 실제적인 기술을 개발 적용하기 위해서는 사람들의 생활환경이나 사회현상의 변화에 대한 호기심과 관찰하는 습관이 필요하다.

미국과 유럽 선진국에서는 이미 사물인터넷 시장의 폭발적인 성장을 전망하고 있다. IT 시장조사 전문기관인 가트너[Gartner]는 IoT 사물 및 기기가 2020년 2천억 개에서 2040년 1조 개 이상으로 늘어날 것으로 전망하고 있다. 우리나라도 2014년 과학 기술 정보통신부에서 '사물인터넷 기본 계획'을 발표하고 사물인터넷 시장을 2030년까지 30조 시장으로 키우겠다는 계획을 세웠다. 또한 2016년 고용노동부에서 미래 신직업에 사물인터넷 전문가를 선정하고 전문 인력 양성에 힘쓰고 있다.

5G의 세상은 현재 우리가 알고 있는 IT의 세상을 훌쩍 뛰어넘는다.

　사물인터넷은 가전제품, 지능형 빌딩, 건강관리, 스마트팜, 자율주행차 등 다양한 분야에서 개발되고 발전하고 있다.

　2019년 5G 초고속 연결망을 세계 최초로 선보인 대한민국은 제4차 산업혁명의 꽃이라고 불리는 사물인터넷 시대에 한 걸음 더 빨리 다가갈 수 있는 길을 열었다. 모든 세상이 하나로 연결되는 초연결 시대! 사물인터넷이 만들어 가는 미래사회는 과연 어떤 모습일지 기대가 된다.

무선 인터넷에 담긴 과학 - 무선통신의 시초 전자기파의 발견

사물인터넷이란 말은 'Internet of Things'의 약어로 IoT라고 한다. 사물인 터넷은 통신 기능과 센서가 탑재된 사물, 공간과 사람이 인터넷으로 연결되어 수집된 정보가 공유되고 활용되는 기술이다.

인터넷을 통해 수집된 사물과 공간 정보는 여러 가지 목적에 맞게 사용자에 게 제공되고 사용자는 그 정보를 바탕으로 원격제어도 할 수 있어 우리의 삶 을 한층 더 편리하게 해준다.

사물인터넷의 궁극적 목적은 인간의 개입 없이 사물 간의 통신을 통해 모든 것이 자동으로 제어되는 것이다.

아직은 시작 단계이지만 사물인터넷만큼 빠르게 우리 생활 속 깊숙이 들어 와 있는 것도 없다. 우리는 아주 쉽게 와이파이로 스마트폰을 사용하며 하이 패스로 교통요금을 결제하고 있다. 블루투스 스피커나 프린터는 더 이상 신기 한 제품도 아니다. 사물인터넷이 무엇보다 가장 빠르게 적용되고 있는 대중적 인 분야는 가전제품이다. 오늘의 날씨를 알려주고 부족한 식료품을 온라인 구 매해 주는 냉장고, 집 안팎 어디서든 원격제어될 수 있는 에어컨, 집안의 온 도, 습도를 스스로 조절 가능한 공기 청정기 등은 이미 출시되고 있는 제품이 다. 그리고 그 영역은 가구, 비데, 자동차, 웨어러블, 건강 관리, 보안 등 다양 하게 확대되고 있는 중이다.

그렇다면 사물인터넷의 핵심인 와이파이나 블루투스, 5G의 무선통신은 어떻게 가능하게 된 것일까?

이 모든 일은 전자기파의 발견으로부터 시작된다.

전기와 자기 현상이 서로 연관되어 있다는 사실을 최초로 발견한 사람은

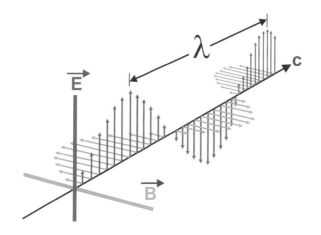

전기장과 자기장으로 이루어진 전자기파의 진행.

1820년 덴마크의 물리학자 한스 외르스테드이다. 외르스테드는 백금의 열 발생실험 중 전기가 흐르자 우연히 주변에 있던 나침반이 움직이는 것을 보고 뭔가 알 수 없는 힘의 작용에 대해 발표했다.

외르스테드의 실험에 관심을 가졌던 프랑스의 물리학자인 앙드레 마리 앙페르는 외르스테드가 발견한 그 무엇인지 모를 힘이 전류에 의해서만 발생하는 자기력이라는 사실을 증명하는 '앙페르의 법칙'을 발표하여 전류와 자기장의 연관성을 정리했다.

앙페르에 이어 영국의 물리학자 패러데이는 자기장의 변화로 전류를 발생시킬 수 있다는 전자기 유도 현상을 발견하고 실험을 통해 전기와 자기 현상의 관계성을 증명했다. 자기장을 변화시켜 전류를 발생시키는 발전기와 전동기는 패러데이의 전자기 유도에서 나왔다. 그런데도 패러데이의 주장은 주목받지 못했고 19세기 후반까지 전기와 자기 현상은 명확하게 밝혀지지 못했다. 1864년 천재 물리학자 제임스 클러크 맥스웰이 전기와 자기 현상을 수학적 방정식을 통해 입증해 내기 전까지 말이다.

패러데이의 전자기 유도에 매우 큰 관심을 보였던 맥스웰은 전자기에 관한 4가지 방정식인 '맥스웰 방정식'을 발표하게 된다. 그리고 자신의 방정식 제3법칙(앙페르 법칙)과 제4법칙(패러데이 법칙)의 방정식을 통해 전자기파를 예견했다.

제3법칙은 전류나 전기장의 변화가 자기장을 만들어낼 수 있다는 것이다. 중학교 교과서에 나오는 전류의 방향과 자기장과의 관계를 설명한 오른손법칙이 제3법칙인 앙페르의 법칙이다. 제4법칙은 자기장(자기력이 미치는 공간)의 변화로 전기장(전기력이 미치는 공간)이 변하여 전류가 흐를 수 있다는 법칙이다.

결국 맥스웰은 전기장과 자기장이 서로 영향을 주어 전기장의 변화가 자기상을, 자기장의 변화가 전기장을 만들어내며 공중으로 퍼져나갈 수 있는 전자기파를 예측했다. 또한 방정식을 통해 빛이 전자기파 중 하나임을 발견했다. 뿐만 아니라 이후 또 다른 전자기파의 가능성도 예측했다.

맥스웰의 이러한 예측은 1896년 빌헬름 뢴트겐의 X-선 발견과 1888년 하인리히 헤르츠의 라디오파 발견으로 증명되었다. 맥스웰의 방정식을 기초로 한 실험을 성공시킴으로써 라디오파를 만들어낸 헤르츠의 실험이 전자기파가 전선 없이 공중으로 퍼져 나갈 수 있다는 맥스웰의 주장을 증명한 것이다. 바로 이 라디오파가 우리가 사용하고 있는 모든 무선통신을 가능하게 하는 전자기파 중 하나이다.

3km~3㎐에 다다르는 엄청난 주파수 영역대를 가지고 있는 라디오파는

맥스웰 방정식

① **전하가 전기장을 만든다.**
전기장에 관한 가우스 법칙

$$\nabla \cdot \vec{D} = \rho$$

② **자석은 N극이나 S극이 따로 존재하지 않는다.**
자기장에 관한 가우스 법칙

$$\nabla \times \vec{B} = 0$$

③ **전류가 흐르거나 전기장이 변하면 자기장이 생긴다.**
앙페르 맥스웰 법칙

$$\nabla \times \vec{H} = \vec{J} + \frac{\partial \vec{D}}{\partial t}$$

④ **변화하는 자기장이 전기장을 만들 수 있다.**
패러데이 전자기 유도 법칙

$$\nabla \times \vec{E} = \vec{J} + \frac{\partial \vec{B}}{\partial t}$$

5G, WIFI, 블루투스, FM, AM 라디오 등 현대 무선통신의 모든 영역을 아우르른다. 이러한 라디오파는 매질 없이 빛의 속도로 퍼져나간다. 라디오파의 발생은 전자를 수억 번 진동시키는 것으로 가능하다.

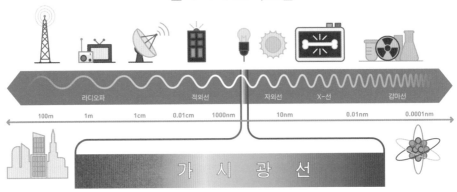

전자기파 스펙트럼

라디오파　　　　　　　　적외선　　　　자외선　　X-선　　　　감마선

100m　　1m　　1cm　　0.01cm　1000nm　　10nm　　　0.01nm　　0.0001nm

가　시　광　선

그렇다면 이렇게 엄청난 전자의 진동은 어떻게 만들 수 있을까?

그것은 교류발전을 통해 가능하다.

교류발전을 처음 발명한 사람은 미국의 전기공학자이며 기술자인 니콜라 테슬라^{Nikola Tesla}였다.

우리가 흔하게 사용하고 있는 전자제품에는 직류전류가 흐른다. 직류는 안정적이고 끊김 없이 한 방향으로 전류를 공급한다. 그래야만 냉장고, TV, 세탁기 등의 가전제품들이 꺼지거나 고장 없이 작동될 수 있다.

하지만 직류에는 단점이 있었다. 안정적이기는 하지만 변압(전압을 바꾸는 것)이 어렵다. 변압이 어려우면 발전소에서 발전한 전기를 가정이나 공장으로 보내줄 때 고압 전류의 전압을 낮추거나 변환할 수가 없다.

발전소에서는 수만 볼트의 전기를 만든다. 만약 그대로 가정이나 공장으로 보내지면 작은 전압을 사용하는 가정이나 공장에서는 감전 사고가 날 수 있다. 그래서 차차 전압을 낮추는 작업이 필수적이다.

그에 반해 교류발전은 변압이 매우 쉬우므로 전력 손실이 상대적으로 적고 훨씬 효율적이며 안전하게 가정과 공장으로 보낼 수 있다. 교류는 전류를 일정한 흐름으로 흐르게 하는 직류와는 달리 (＋), (－)극을 주기적으로 바꾸고 전압과 전류의 세기를 인위적으로 조절하여 전류의 흐름을 수시로 바꾼다. 이것은 전자를 출렁이게 하여 진동을 주는 방식이다.

전류를 물의 흐름에 비교해보면, 직류는 한 방향으로 잔잔하게 흐르는 수로의 물과 같다. 하지만 교류는 잔잔한 호수에 돌을 던져 파동을 일으키는 방식과 비슷하다. 물의 파동이 출렁이면서 멀리까지 퍼져나가는 것처럼 교류발전도 전기를 멀리 퍼져나갈 수 있게 하는 것이다.

교류발전이 발명되면서 인류는 대규모 발전시설을 가질 수 있게 되었다. 교류발전 때문에 발생한 전파는 헤르츠의 실험대로 전선 없이도 공중에 퍼져 나갈 수 있었다.

그렇다면 우리는 공중으로 퍼져나간 전파를 어떻게 송신하고 수신할 수 있는 걸까.

원하는 정보를 라디오파에 실어 원하는 곳까지 보내고 받는 일은 택배를 받

직류는 수로의 모습을 닮았다.

잔잔한 호수에 던져진 돌이 일으킨 파동은 교류와 닮았다.

는 것처럼 쉬운 일은 아니다. 여기에는 또 다른 과학 기술이 들어 있다. 그것은 전파를 송수신하는 안테나의 발명이다.

안테나

안테나는 특정한 주파수만을 수신하도록 설계된 공진회로^{RLC}에 의해 만들어져 있다. 공진회로 안에는 코일과 축전기에 의해 만들어진 공진주파수를 송수신할 수 있는 회로가 담겨 있다. 공진주파수는 회로 안에 있는 특정 주파수와 외부의 주파수가 맞으면 전류와 전압이 최대가 되는 공진현상에 의해 발생하는 것으로 우리가 원하는 정보를 특정 주파수에 쏘아 보내어 송수신할 수 있게 해준다.

현내 인류가 누리고 있는 모든 문명은 200여 년에 걸친 전자기학의 발전이 이루어낸 성과이다. 전자기학은 전자기 현상에 끊임없는 열정을 바쳤던 수많은 학자의 연구가 이어져 오늘날에 이르고 있다. 무선통신은 전자기학의 정수라 할 수 있으며 4차 산업시대의 핵심이다.

우주를 이루는 기본 힘인 중력, 약력, 강력, 전자기력 중 인간이 조작 가능한 유일한 힘이기도 한 전자기력은 자연이 인간에게 나누어준 최고의 선물이다.

3D 프린팅 운영전문가

3D 프린팅 운영전문가는 3D 모델링을 바탕으로 입체적인 제품을 만들기 위해 3D 프린팅에 필요한 전 과정의 운영 작업을 전문적으로 수행하는 일을 하는 전문가를 통칭한다.

3D 프린터 운영전문가가 하는 일은 크게 3가지로 요약할 수 있다.

3D 모델링 도면과 이를 실현하는 3D프린터의 성능이 올라갈수록 활용 범위도 점점 넓어지고 있다.

3D 모델링 과정을 거쳐 3D프린터로 만든 물건들.

첫째, 제품을 설계하는 3D 모델링 과정으로 3D CAD(캐드)라고 불리는 전문 소프트웨어나 3D 스케너, 3D CG 소프트웨어 등을 사용하여 설계한다. 건물로 말하자면 도면을 설계하는 것과 마찬가지다. 좋은 설계도가 좋은 집을 만들 듯, 3D 프린팅 또한 잘 설계된 3D 모델링 도면이 있어야 좋은 제품을 만들 수 있다.

둘째는 코딩 과정이다. 아무리 훌륭한 도면이라 해도 3D 프린터에 도면의 내용을 입력하지 못하면 프린팅을 할 수 없다. 3D 프린터는 사람처럼 설계도면을 직접 읽지 못하기 때문에 사람의 언어가 아닌 컴퓨터 언어로 명령어를 입력해 주어야 한다. 이때 입력하는 데이터는 출력속도, 좌푯값, 온도 등으로 다양한 모델링 정보를 프린팅에 필요한 데이터로 적절하게 변환하여 준다.

셋째는 피니싱finishing 과정으로, 후처리 작업이다. FMD 방식의 적층형 프린터인 경우는 재료를 층층이 쌓아서 굳혀 만들다 보니 이음새의 처리가 완벽하지 않은 경우가 있다. 또한 프린팅된 제품들은 모양만 출력된 경우가 대부분이라서 여기에 색을 칠하고 코팅을 하거나 조립, 사포 가공 등을 통해 좀 더 사실적인 모습을 표현하는 작업은 따로 해주어야 한다.

이 3가지 작업이 3D 프린팅 운영전문가가 하는 가장 핵심적인 일이다.

3D 프린팅 운영전문가는 모델링이나 프린팅 작업을 위해 3D CAD, 3D 스캐너, 3D CG디자인, 코딩 등 컴퓨터를 활용한 지식과 컴퓨터 설계나 그래픽에 해당하는 소프트웨어를 잘 다룰 줄 아는 게 필수다. 이를 위해선 컴퓨터 그래픽이나 컴퓨터 공학. 코딩, 산업디자인 등을 공부하면 유리하다.

완성된 제품의 피니싱(후처리) 작업을 위해서는 정확하고 깔끔한 미술적 감각도 필요하다. 원하는 제품에 가장 적합한 소재를 찾아 3D 프린터를 통해 최적의 상태로 구현해내려면 상상력과 미적 안목, 창의력 또한 요구된다.

3D 프린팅 기술은 미래 제조업의 새로운 혁명이 될 것으로 전망되고 있으며 현재 미국이나 유럽, 일본을 중심으로 주도적으로 이루어지고 있다. 하지만 아직은 걸음마 단계로 앞으로 넘어야 할 산

3D 프린팅은 현재 다양한 형태로 진화하고 있다.

이 많다. 그럼에도 제4차 산업시대에 3D 프린팅 기술이 적용될 범위가 무궁무진하기 때문에 이 분야에 거는 기대는 매우 크다.

우리나라도 3D 프린터 분야를 선도하기 위해 많은 지원과 인재육성을 하고자 노력하고 있다. 2015년 '삼차원 프린팅 산업 진흥법'이 제정·시행되면서 미래창조과학부와 산업통상자원부는 '3D 프린팅 산업 발전전략'을 수립했

3D 프린터 운용 정보를 한눈에 살펴볼 수 있다.

다. 2020년까지 우리나라 3D 프린팅 기술을 세계적인 단계까지 올려놓겠다는 목표를 가지고 추진하고 있으며 2018년 하반기부터는 3D 프린트 운영기능사와 3D 프린터 산업기사 자격증이 새롭게 신설되기도 했다.

제4차 산업혁명을 주도하는 핵심적인 영역인 3D 프린팅 기술은 특성상 다른 산업과의 연계성이 매우 높은 분야다. 현재 3D 프린팅 기술은 피규어나 액세서리 등 작은 소품 위주의 제품을 만드는 단계이지만 의료, 제조, 패션, 교육 분야로 넓혀가기 위해 기술 개발 중이며 그러한 노력이 계속되는 한 3D 프린팅 전문가들의 입지는 더욱 넓어질 것으로 기대된다.

3D 프린팅에 담긴 과학 - 구분구적법

3D 프린팅의 최초 이론을 만든 사람은 1981년 일본인 고다마 히데오小玉秀男였으며 1986년 척 헐Chuck Hull이 설립한 미국의 3D 시스템스3D Systems사에서 제품화에 성공했다.

대중적으로 손쉽게 사용하는 3D 프린터의 기술은 FMDFused Deposition Modeling 방식 모델로, 1989년에 스콧 크럼프Scott Crump가 특허 출원했으며 1991년 그가 세운 스트라타시스Stratasys사에 의해 최초로 상용화되었다.

3D 프린팅 방식은 크게 2가지로 나눌 수가 있다. 그것은 절삭형과 적층형이다.

절삭형은 재료를 깎아서 만드는 형태이다. 절삭형 기술은 산업현장에서 이미 오래전부터 쓰고 있는 5축 가공기인 CNCComputer Numerical Control와 유사하여 CNC 종류로 분류하기도 한다.

적층형은 다양한 재료로 이루어진 필라멘트를 녹여 벽돌을 쌓아 올리듯 제품을 완성하는 방식이다. 시판되는 가정용 3D 프린터는 적층형이 대부분이다.

시판용 3D 프린터

적층형 방식 중 하나인 FMD 방식은 플라스틱과 같은 재질을 녹여 노즐에 분사 한 다음 지지대 위에 원하는 모양으로 층층이 쌓아 굳혀가면서 입체적인 제품을 만드는 형식이다. 이때 제품을 굳히는 역할을 하는 것은 접착제, 열, 레이저, 광에너지 등이다.

FMD 방식이 우리에게 준 유용함은 전문적이고 값비싸던 3D 프린터를 대중과 친숙하게 만든 출발점이 되었다는 것이다. 그 원인 중 하나는 FMD 방식의 특허를 빠르게 공개한 것이다. 특허의 공개는 3D 프린터 가격을 내리는 데 이바지했고 3D 프린터의 대중화를 앞당길 수 있었다.

이후 3D 프린트 기술은 고성능 전문가용부터 쉽게 사용할 수 있는 교육용까지 다양한 요구에 맞게 발전하고 있다. 현재는 3D 프린터에 거는 사람들의 기대가 다양해짐에 따라 플라스틱, 액상 광경화성 수지, 분말, 종이, 금속, 나무 등 활용되는 재료의 범위가 점점 더 넓어지는 추세다.

그렇다면 3D 프린터는 어떻게 입체적인 모양을 만들어 낼 수 있는 것일까?

3D 모델링이 끝난 제품의 설계

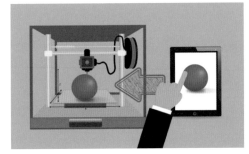

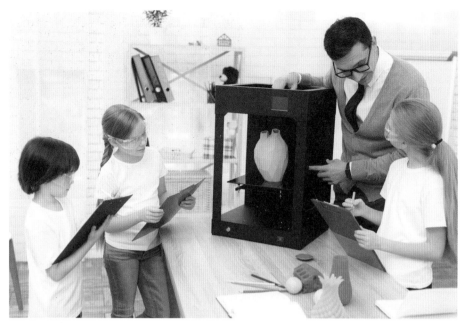

유럽과 미국에서는 3D 프린터를 이용한 수업이 활발하게 이루어지고 있다.

도는 다시 입체적인 프린팅을 위해 코딩의 과정이 필요하다. 이때 프린터는 코딩된 3차원상의 좌푯값과 실행순서를 입력받게 된다. 3D 프린터도 알고 보면 컴퓨터의 일종이다. 설계도인 3D 모델링을 바탕으로 3차원 공간에 입체 형태의 제품을 구현하는 데 전문화된 컴퓨터인 것이다.

컴퓨터는 인간이 사용하는 언어가 아닌 컴퓨터 언어로 변환해서 알려줘야만 이해하고 작업을 실행한다. 설계도를 컴퓨터 언어로 변환하여 작업의 순서를 명령하는 과정이 코딩이나 프로그래밍 과정이다. 컴퓨터는 프로그래밍된 작업명령서를 자신이 이해할 수 있는 0과 1의 이진법으로 다시 한 번 변환시키는 어셈블러[assembler]를 통해 명령어를 이해하고 작업을 수행한다.

컴퓨터는 고성능 계산기이다. 그래서 프로그래밍 작업에는 다양한 수학 분야가 적용된다. 3D 프린터는 3차원 공간에 구현되는 좌표에 따라 움직이는 원리로 이 과정에서 제품의 넓이와 부피를 구하는 구분구적법이 이용된다.

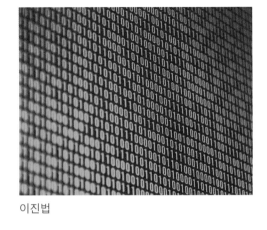

이진법

구분구적법은 수학의 한 영역인 미·적분을 이용한 것이다. 구분은 도형의 넓이나 부피를 구할 때 사용되는 것으로 도형을 삼각형이나 사각형으로 잘게 쪼개거나 부피를 기둥 모양으로 잘게 쪼개어 계산하는 것을 말한다.

이렇게 잘게 쪼개어 계산된 한 조각의 도형의 넓이와 부피는 쪼개진 개수만큼의 조각들을 다시 더하는 구적법을 이용하여 전체 도형의 넓이와 부피를 계산하는 방식이다. 3D 프린터는 구분구적법의 원리에 의해 물체의 모양을 수만 개로 미분하듯 잘게 잘라 길이와 넓이를 분석한다.

이렇게 작게 분할된 하나의 입체 모형을 레이어라고 한다. 3D 프린터는 분석한 작은 레이어를 입력된 출력속도, 좌푯값, 온도, 넓이, 부피 등을 기준으로 하나씩 완성해가며 한층 한층 쌓아 올린다. 이때 구적법의 원리를 이용하여 전체 형태를 완성해나가는 것이다.

초창기 시연제품을 만들기 위해 만들어졌던 3D 프린터는 30년 이상의 역사가 있다. 생각보다 오래된 기술이라는 사실이 믿기지 않을 만큼 3D 프린터

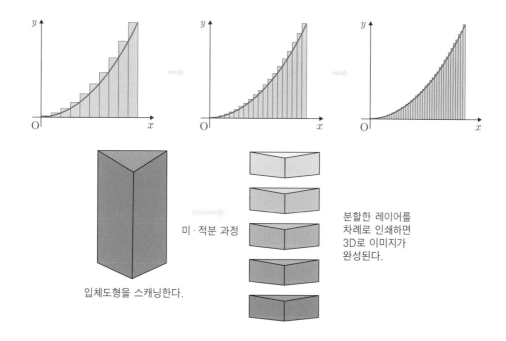

미·적분 과정

입체도형을 스캐닝한다.

분할한 레이어를
차례로 인쇄하면
3D로 이미지가
완성된다.

기술은 쉬지 않고 한 걸음씩 발전을 거듭해왔다. 앞으로도 제4차 산업시대 제조업의 혁명을 이끌 것으로 주목받고 있는 3D 프린터의 비약적인 기술 발전을 기대해본다.

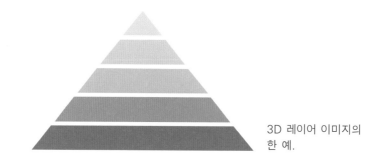

3D 레이어 이미지의
한 예.

디지털 포렌식 전문가

디지털 포렌식 전문가는 법적인 절차를 지켜 컴퓨터와 디지털 기기 및 사이버상에 기록된 각종 데이터에서 범죄의 증거를 찾아내 복구하고 분석하여 법적인 증거자료로써 인정받을 수 있도록 도움을 주는 일을 하는 전문가다.

'법의학적인'이라는 포렌식^{Forensic}의 뜻처럼 법의학자들이 시체를 부검하거나 범죄사건 현장에서 채취한 혈흔, 지문, 타액, 분비물 등을 과학적으로 분석한 뒤 증거자료로 제출하여 재판하는 데 도움을 주는 것과 같이 디지털 포렌식^{digital forensic} 전문가들 또한 현장에서 수집한 자료를 분석하여 법정에 증거자

범죄의 범인을 추적하는 방법은 다양하다.

인터넷 세상에서 디지털 포렌식 증거는 갈수록 중요해지고 있다.

료로 제출하는 일을 한다. 단지 의료상의 증거가 아닌 디지털 증거를 제출한다는 것이 법의학자들과는 다를 뿐이다.

디지털 포렌식 전문가가 하는 일은 증거의 수집·복구·분석·제출이라는 4단계를 거친다. 사건이 발생한 현장에 도착하여 증거를 수집할 때에는 증거물이 훼손되지 않도록 주변을 통제하고 '무결'하게 하드디스크나 저장 매체를 확보 봉인한다. 여기에서 무결이라는 것은 수사기관이 압수수색을 할 때 입회자로서 동행하여 증거물 추출 시 변조나 위조 없이 법적 절차에 맞게 수집·동행하여 추출되었음을 확인 서명해주는 절차 등을 말한다.

이러한 과정을 진행하는 이유는 수집단계부터 위, 변조가 없는 원본 상태

그대로의 데이터라는 사실을 입증해야 신뢰성 있는 증거로서 가치가 있기 때문이다. 수집단계에서부터 디지털 증거로서 신뢰성을 갖지 못하면 복구 분석 과정 또한 의심받을 수 있으므로 디지털 증거를 무결하게 확보하는 일은 매우 중요한 작업이다.

무결하게 자료를 수집한 이후에는 수집한 데이터를 디지털 포렌식 기술을 이용하여 복구한다. 수집한 데이터에서 수사에 관련된 정보만을 추출한 후 손상 파일 복원, 암호 파일 해독 등 매우 과학적인 컴퓨터 분석방법을 사용하여 원상 복구하는 단계다.

원상복구 후에는 증거분석을 한다. 이 단계에서는 수집한 데이터의 위조 여부, 피의자의 데이터가 맞는지 아닌지, 법적 증거자료의 효력 여부 등을 면밀하게 분석한다. 이 증거분석을 철저하게 하지 않으면 법정에서 수집한 데이터가 증거로서 효력을 갖지 못할 수 있으며 재판의 성패에 큰 영향을 줄 수도 있으므로 매우 꼼꼼하고 신중하게 이루어져야 하는 작업이다. 이 과정에서 디지털 포렌식 전문가는 디지털 포렌식 기술뿐만이 아니라 법적인 지식도 가지

범죄를 증명하고 범인을 찾는 과정에서 디지털 포렌식 방법은 중요 분야로 자리잡아가고 있다.

고 있어야 한다. 수집한 자료가 법적인 효력을 가지고 있는가를 알아야 하기 때문이다.

마지막으로 증거제출 단계다. 증거제출은 지금까지 수집되어 복구, 분석된 데이터가 위, 변조된 것이 아니며 디지털 포렌식 표준절차에 맞게 수행되었는지 디지털 포렌식에 사용된 기기와 도구들에 대한 검증을 거쳐 법정증거로서 신뢰성을 입증하는 단계다.

이와 같은 4단계를 거쳐 수집한 디지털 증거들이 법정증거로서 인정될 수 있도록 하는 것이 디지털 포렌식 전문가들이 하는 가장 핵심적인 일이다.

디지털 포렌식 전문가는 정보통신과 제4차 산업의 발달로 인해 발생한 직업으로 컴퓨터 공학과 법적인 지식, 인문학적 소양도 요구되는 융합학문이다.

그래서 디지털 포렌식을 공부하고자 하는 사람은 컴퓨터뿐만이 아닌 다양한 분야에 관심을 가져야 한다. 아직 우리나라에는 직접적인 관련 학과는 없으나 컴퓨터 공학이나 IT 관련 대학, 하드웨어, 정보통신보안 등을 전공하면 유리하다.

유사한 관련 전공학과와 대학원으로는 경기대학교 산업기술 보호 특화센터, 호원대학교 사이버 수사 경찰학부, 광주대학교 사이버보안 경찰학과, 군산대학교 디지털 포렌식 전공, 한국 IT 전문대학 사이버 포렌식 학과 등이 있으며 대학원으로는 고려대학교 정보보호 대학원, 동국대 국제정보 대학원이 있다. 또한 법학을 전공하고 관련 교육기관에서 사이버 포렌식 기술을 배우는 방법도 있다.

현재 우리나라에는 2003년에 사이버 포렌식 협회가 설립되었고 2013년에는 미국과 한국에서만 이루어지는 사이버 포렌식 '국제공인 자격증'을 만들었다. 한국 커리큘럼을 국제공인자격증에 반영하여 국제표준화에 참여했으며 사이버 포렌식 국제전문가도 양성하고 있다.

디지털 포렌식 전문가에게는 매우 끈질긴 인내심과 집요함이 요구된다. 범죄의 흔적을 찾아내기 위해 포기하지 않고 다양한 방법을 시도하고 증거를 찾아내는 것은 사명감이 요구되는 일이기도 하다. 정확한 증거 하나가 억울한 사람이 생기는 것을 방지할 수도 있기 때문이다.

또한 새롭게 발전하는 기술을 받아들이기 위해서 끊임없이 공부하고자 하는 열정이 필요하다. 기술적인 지식뿐만이 아니라 디지털증거의 효력을 재판에서 설명할 수 있는 논리성과 설득력도 필요하다. 이러한 내용을 보고서로 제출할 때는 재판에 대한 이해와 글쓰기 능력, 법적인 전문 지식, 재판하는 사

디지털 포렌식 기술이 적용될 수 있는 분야는 다양하다.

람들의 마음을 읽을 줄 아는 통합적인 사고도 요구된다.

　디지털 포렌식 기술은 저장된 원본을 복구하는 것뿐만 아니라 컴퓨터 포렌식, 모바일 포렌식, 네트워크 포렌식, 회계 포렌식, 의료 포렌식, 푸드 포렌식, 침해사고 대응 등 디지털화되어 있는 데이터가 활용되는 모든 분야에 적용될 수 있다. 아직은 초창기이지만 정보통신기술이 발전하고 디지털 정보가 더욱 많아질수록 디지털 포렌식 전문가들의 영역은 더 넓어질 것으로 보인다.

　전문가들은 국제 특허소송문제를 해결하기 위한 이디스커버리^{eDiscovery}나 기술소송 분야에 디지털 포렌식이 많이 필요하며 디지털 포렌식 서비스나 개인 창업, 포렌식 장비 대여 및 디지털 포렌식 컨설팅 등 민간 분야로 진출 가능성이 매우 큰 직군이 될 것으로 전망하고 있다. 앞으로 우리는 실수로 날려 버린 리포트나 통째로 물에 빠뜨려 데이터 복구가 안 되는 태블릿 PC는 우리가 아프면 병원에 가듯 디지털 포렌식 전문업체를 방문해 복구하게 될 것이다.

디지털 포렌식 전문가는 또한 디지털 포렌식 교육업체나 연구소, 협회 등에 진출하여 디지털 포렌식 기술 연구와 교육을 담당하는 일도 하게 될 것이다.

우리나라는 2015년 '형사소송법 313조'에 따라 법정에서 디지털 포렌식 자료가 증거로 인정받을 수 있게 되었다.

제4차 산업시대에 진입하면서 폭발적으로 증가하고 있는 디지털 환경의 변화는 디지털 포렌식 전문가에 대한 수요와 관심을 더욱 집중시키고 있다.

디지털 포렌식에 담긴 과학 - 편미분방정식, 해시값

디지털 포렌식이란 컴퓨터나 각종 디지털 저장장치 혹은 사이버상의 기록 등 디지털화되어 있는 데이터 중에서 증거가치가 있는 데이터를 찾아내어 수집하고 분석한 뒤 법정에 제출하여 재판 종료 시까지 증거자료로 인정받을 수 있게 하는 절차와 방법을 말한다.

디지털 포렌식 기술은 현재 우리나라에서 다양한 분야의 수사를 위해 사용되고 있다. 부서지거나 물속에서 건져 올린 스마트폰에서도 당시의 통화 명세와 동영상, 전화번호부, 카카오톡 기록 등을 디지털 포렌식 방법을 통해 복원해냄으로써 사고 당시의 상황과 사고 경위를 알아내는 데 큰 역할을 하고 있다.

요즘과 같이 스마트 기기와 인터넷을 떠나서 살아갈 수 없는 사회환경 속에서 디지털 포렌식 기술의 활용은 범죄 수사, 특별사법경찰(검찰로부터 지명 받은 수사에 대해서만 수사자료 조회, 피의자 신문, 송치, 체포할 수 있는 권한을 가지는 행정공무원), 이디스커버리(전자증거 개시 제도), 민간기업 및 회계, 법무법인 등 매우 다양한 분야에 걸쳐 나타나고 있다.

디지털 포렌식의 기술적 방법은 아주 많으며 새롭게 개발되고 있는 분야이기도 하다. 범죄 수사에 가장 많이 이용되고 있는 디지털 포렌식 방법은 디스크 이미징, 하드디스크 복구, 영상 정보 분석, 데이터 마이닝, 네트워크 시각화, 저장 매체 사용 흔적 분석 기술 등이 있으며 이밖에도 수많은 포렌식 기술이 사용되고 있다. 그중에서도 영상복원과 원본 파일 조작 여부를 파악하는 포렌식 방법에 담긴 과학적 원리를 살펴보자.

CCTV는 범죄 수사에 매우 중요한 자료가 된다. 재판에 따라 CCTV가 증거

부서진 핸드폰, 삭제한 메일, 검색어로도 범죄의 흔적을 찾아낼 수 있는 것이 디지털 포렌식 수사이다.

로서 인정을 받을 수도 그렇지 못할 수도 있다. 하지만 CCTV는 사실 여부를 확인하거나 수사의 핵심증거를 밝혀내는 데 많은 도움을 주며 범죄 예방과 보안을 위해서라도 거리 곳곳에 설치가 늘어나는 추세다.

CCTV를 확보하여 분석하는 일은 범죄 수사 과정에서 가장 먼저 이루어지는 일 중 하나다. 하지만 CCTV의 화질이 좋지 않거나 누군가 일부러 훼손했을 경우, 사실 확인이 어려워진다. 이때 이루어지는 포렌식 기법의 하나가 영상복원기술인 이미지 인 페인팅$^{Image\ In\ painting}$이다.

이미지 인 페인팅은 인공지능이 사진의 지워진 부분을 복구하는 기술로 여기에는 수학의 편미분방정식 원리가 이용된다.

편미분방정식은 여러 개의 변수로 구성된 미분 방정식으로 매우 난해한 수학에 속한다. 하지만 난해한 편미분방정식을 이용하면 다양한 해법을 통해 물, 공기, 전자, 열의 흐름, 초전도체 등 수많은 자연 현상부터 사회, 경제, 포렌식 방법에 이르기까지 보다 정밀한 분석을 할 수 있다. 특히 포렌식 방법에 사용되는 편미분방정식은 매우 까다롭지만 매트랩, 매스매티카, 메이플 등의 컴퓨터 소프트웨어를 활용하면 작업을 좀 더 쉽고 빠르게 분석할 수 있다.

두 번째로 수집한 증거물의 조작 여부와 증거물로서의 가치판단을 위해 사용되는 포렌식 기법에는 해시값이 이용된다.

해시값이란 디지털 파일의 숫자와 알파벳을 해시함수에 넣어 얻어지는 값을 말한다. 해시함수를 통해 특정 알파벳에 대응되는 숫자가 해시값으로 부여되는 순간 해시값은 인간의 지문처럼 파일의 특성을 그대로 담고 있는 고정불변의 고윳값이 된다. 그래서 해시값을 디지털 지문이라고 부른다.

해시값은 디지털 포렌식 수사의 증거 수집단계에서 증거물의 무결성을 확인하려는 방법에 이용된다. 원본의 해시값과 복사본의 해시값을 비교하면 증거 수집에 불법이나 조작이 없었는가를 판단할 수 있기 때문이다. 해시값은 원본과 똑같은 복사본을 무결하게 수집했다는 유효한 증표로 법정에서 인정받을 수 있게 된다. 조금이라도 파일을 위조

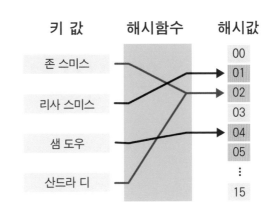

4명의 이름을 해시함수로 매핑해 해시값을 도출하는 과정을 이미지화했다.

하게 되면 전체 해시값이 변하기 때문에 포렌식 기법뿐만 아니라 대량 아동음란물 유포나 디지털화된 공문서의 위, 변조 등을 밝혀내는 데도 아주 유용하게 쓰인다.

수소연료전지 전문가

수소연료전지 전문가는 수소연료전지를 연구, 개발하고 수소연료전지가 이용 가능한 분야에 접목될 수 있도록 기획하며 시스템을 구축하는 전문가를 통칭한다.

수소연료전지는 우리나라가 가장 관심을 보이고 있는 산업 중 하나로 수소 자동차 분야에서는 세계 최고 수준의 기술력을 보유하고 있다.

수소연료전지 전문가는 주로 대학이나 기업의 연구소에서 수소를 기반으로 하는 연료전지 개발에 중점을 두고 일하고 있다. 세계적으로 친환경 에너지에 대한 요구가 커짐에 따라 발전소, 자동차, 건축, 선박, 항공 등 다양한 분야로 진출 가능성이 크다.

수소연료 전문가가 되기 위해서는 전자공학, 물리학, 화학 등을 공부하는 것이 유리하며 대학원 이상의 전문지식을 갖추어야 한다. 또한 친환경 대체에

| 그린에너지 | CO₂ 발생 X | 자율주행 | 연비절감 | 자동화 | 지구 온난화
억제 기여 | 쾌적한 삶 |

수소연료전지 자동차는 다음과 같은 장점이 있다.

너지에 관한 관심과 새로운 분야에 대한 도전 정신도 요구된다.

수소연료전지는 개발된 역사에 비해 생활에 접목되기 시작한 것은 얼마 되지 않았다. 그만큼 개선하고 헤쳐 나가야 할 문제도 산적해 있다. 전문가의 길을 가기 위해서는 이러한 문제를 해결하고 극복해나가야 하며 이를 위해서는 유연하고 창의적인 생각이 필요하다.

우리나라 정부는 수소연료전지에 대한 가능성에 기대를 걸고 2019년 1월

전기차와 전기차 충전 모습. 우리나라에서 전기차의 비중은 높아져가고 있지만 수소차 대중화의 길은 아직 먼 상태이다.

'수소 경제 로드맵'을 발표했다. 로드맵에서는 발전용 연료전지를 2040년 15GW까지 확대한다는 목표와 수소전기차의 국내외 누적 공급 대수 620만 대를 계획하고 있다. 산업통상자원부에 수소연료전지 PD를 선임해 연구개발 기획사업 지원도 시작했다.

이렇게 수소연료전지는 정부가 주도하여 선도적으로 이끌고 가는 사업이니 만큼 앞으로 수소연료전지의 기술 개발과 기반시설 구축, 상용화 등을 위해서 전문 인력에 대한 수요와 관심은 높아질 것으로 전망된다.

2019년 08월 11일 산업통상자원부가 발표한 수소경제활성화 방안 중 일부. 출처: 산업통상자원부

수소연료전지에 담긴 과학-전기분해

석탄, 석유 등과 같은 화석연료가 중요한 에너지 공급원으로 쓰이면서, 인류는 비약적인 과학 기술의 발전과 문명을 이루어왔다. 하지만 화석연료 사용

은 자원고갈, 환경오염, 지구온난화 등 엄청난 대가를 지불하게 했다. 인류는 오랫동안 화석연료를 대신할 수 있는 대체연료 개발에 힘써왔다. 오늘날 신재생에너지를 비롯한 친환경 에너지는 전 세계적인 관심 사항으로 지속적인 연구, 개발이 경쟁적으로 이루어지고 있다. 그러한 노력의 하나로 수소연료전지 또한 연구되고 있는 분야다.

수소연료전지는 물의 전기분해방법을 역방향으로 진행하는 원리다. 물을 전기분해하면 +극에서는 물이 전자를 잃어 수소를, −극에서는 전자를 얻어 산소를 얻게 된다. 이 과정을 거꾸로 진행하면 수소의 산화 과정(수소를 산소와 만나게 하는 것)을 거쳐 전기와 물이 발생하는데 이 원리를 이용해 만든 것이 수소연료전지다.

수소연료전지가 가장 대중적으로 알려진 수소연료전지 자동차를 통해 활용도를 살펴보자.

일반 대중은 수소연료전지차가 휘발유와 같이 수소를 연료로 해서 움직이는 차라고 오해하고 있다. 그래서 수소폭탄을 떠올리게 하는 수소라는 단어 때문에 엄청나게 위험한 차가 아닐까 걱정한다.

그런데 정확하게 말하자면, 수소연료전지차는 전기차다. 자동차를 움직이게 하는 동력이 수소가 아닌 시중에 시판되고 있는 전기차와 똑같은 고압 배터리를 이용한 모터다. 단지 전기차의 모터를 구동하는데 사용되는 전력을 공급하는 전지의 원료가 수소인 것이다.

기존의 전기차는 엔진의 동력으로 발전하여 모터를 돌리는 엔진 배터리 혼용 방식(하이브리드:전기모터＋휘발유 엔진)과 고전압 전기 배터리에 충전된 전기를 모터에 바로 공급하는 방식을 사용하고 있다. 하지만 수소연료전지차는 액화 수소, 압축 수소, 분해한 메탄올을 이용해 전기를 생산하는 전지를 이용해 모터를 구동한다는 것에 차이가 있을 뿐이다.

수소연료전지의 구조를 살펴보면, 크게 세 부분으로 구성되어 있다. 고분자 전해질막을 중심으로 ＋극에는 연료극anode과 －극에는 공기극cathode으로 나누어져 있다.

＋극인 연료극에 공급된 수소가 고분자 전해질을 통과하면서 이온화되어 －극에 있는 산소와 접촉하고 산화되는 과정을 거치면서 전기에너지와 수증기(물)가 발생하는 원리이다. 이렇게 발생한 전기에너지는 자동차의 모터에 전달되고 모터가 구동되면서 주행이 시작될 수 있는 것이다.

물은 전기가 통하지 않는 물질이다. 그래서 물을 전기분해할 때는 전기가 잘 통하도록 수산화나트륨이나 황산과 같은 전해질을 넣어주어야 한다.

전해질의 역할은 전기분해에 있어 매우 중요하며 그 종류도 다양하다. 역으로 수소연료전지도 마찬가지다. 수소가 산소와 반응할 때 전해질을 통해 잘 이동할 수 있어야 한다. 그 과정 중에 전기와 물이 발생하기 때문이다.

수소의 효율적인 사용과 높은 전력의 발생을 위해서라도 고분자 전해질막의 역할은 매우 핵심적인 부분이며 전지의 성능과도 연결된다. 우리나라는 최근 고분자 전해질막을 획기적으로 개선하는 기술을 개발하여 수소연료전지의 국산화를 앞당길 수 있는 기반을 마련했다고 한다.

수소전지 안에서 벌어지는 역 전기분해 과정은 오염도 없으며 기존의 전기차에 비해 더 강력한 에너지를 낼 수 있다는 장점이 있어 중, 대형 운송수단에도 이용될 수 있는 친환경 연료로 매우 기대하고 있다. 하지만 수소는 만드는 데 엄청난 비용이 든다는 것과 고압으로 압축시키지 않으면 보관하기가 매우

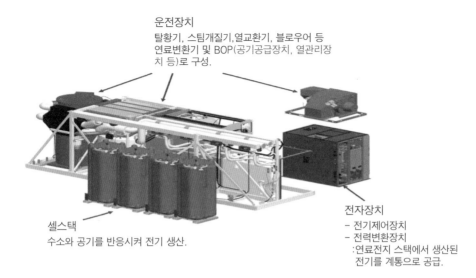

운전장치
탈황기, 스팀개질기,열교환기, 블로우어 등
연료변환기 및 BOP(공기공급장치, 열관리장
치 등)로 구성.

셀스택
수소와 공기를 반응시켜 전기 생산.

전자장치
– 전기제어장치
– 전력변환장치
 :연료전지 스택에서 생산된
  전기를 계통으로 공급.

수소연료전지 핵심부품 이미지. 출처: 산업통상자원부 2019년 08월 11일

까다롭다는 단점이 있다.

수소는 원자 중 가장 가벼우므로 금방 사라져 버린다. 또한 폭발성이 있으므로 수소를 보관하기 위해서는 엄청난 무게와 두께를 가진 압축 보관 용기가 필요하다. 이런 점이 자동차에 적용되는 과정에서 큰 어려움으로 작용했지만 가벼우면서도 튼튼한 수소 보관 용기 개발을 위한 기술적 연구를 지속하는데 원동력이 되고 있기도 하다.

역으로 이러한 단점을 보완해가는 기술 개발의 필요성이 수소연료전지 전문가가 절실해지는 이유이다.

미래 친환경 대체에너지로서 수소연료전지의 기술은 이제 시작이지만 그 무궁무진한 가능성 또한 시작이라는 점에서 기대가 매우 큰 분야이다.

양자컴퓨터 전문가

양자컴퓨터 전문가는 기존의 컴퓨터와는 다른 양자역학의 원리를 이용한 미래형 컴퓨터를 개발하고 응용 분야를 연구하는 전문가를 말한다.

현대 물리학을 이끄는 양대 산맥 중 하나인 양자역학은 일반인이 이해하기 매우 힘든 영역이다. 그리고 양자역학 이론을 기반에 두고 만들어진 양자컴퓨터는 이제 출발선에 서 있는 분야로, 꿈의 컴퓨터이기도 하다.

양자컴퓨터 전문가가 되기 위해서는 양자역학에 대한 기반 지식뿐만 아니라 물리학, 전자, 전기공학, 컴퓨터 공학, 컴퓨터 프로그래밍 등 다양한 분야에 전문지식과 경험이 있어야 한다. 양자컴퓨터는 한 사

양자컴퓨터는 미래의 핵심이 될 것이다.

람의 힘으로 만들 수가 없다. 수많은 분야의 전문가들이 모여 협업과 소통을 해야 한다. 눈으로는 볼 수 없는 상상에 가까운 미시세계의 원리를 이용하여 눈에 보이는 컴퓨터를 만들어내는 작업은 세심한 분석력과 엄청난 창의력이 요구되는 분야이다. 무엇보다도 새로운 세계에 도전하고자 하는 도전정신과 끈기는 양자컴퓨터 전문가가 갖추어야 할 중요한 자세 중 하나다. 어쩌면 양자컴퓨터 전문가에게 가장 중요한 것은 전문지식을 넘어선 사명감과 과학 기술을 다루는 철학일지도 모른다. 아무도 가보지 않은 길을 가는 것은 외롭고 힘들지만 멋진 신세계를 발견하는 기쁨은 그 길을 가는 사람만이 누릴 수 있는 특권이기 때문이다.

구글은 2015년 9큐비트 양자컴퓨터를 시연했고 앞으로 49큐비트 양자컴퓨터를 개발할 것이라고 발표했다. IBM 또한 16, 17큐비트급 양자칩 '큐'(Q)를 개발해 온라인 공개를 했다.

미국에 이어 중국과 일본 또한 양자컴퓨터 개발을 위해서 전자, 전기공학, 물리학, 양자역학, 컴퓨터 공학 등을 전공한 전문 인력을 대거 채용하고 막대한 돈을 쏟아 붓고 있다. 그중에서도 양자컴퓨터에 최고의 관심을 보이는 나라는 중국이다.

그렇다면 왜 이렇게 많은 세계적 기업과 국가들은 양자컴퓨터에 열을 올리고 있는 것일까?

그것은 양자컴퓨터의 데이터 처리속도와 양이 인간의 상상을 초월할 만큼 빠르기 때문이다. 제4차 산업시대가 도래하면서 발생하는 엄청난 양의 빅데이터와 너무 많은 변수가 발생하는 날씨, 인간유전자, 주식시장 등과 같은 분야에서 양자컴퓨터를 활용한다면 우위를 선점할 수 있기 때문이다. 정보화 사

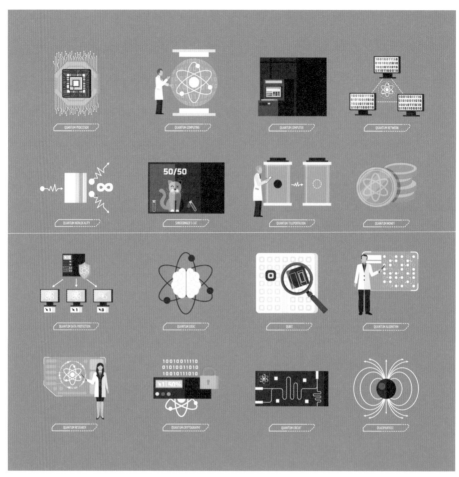

양자컴퓨터가 발명된다면 세상은 또 한 차례의 격변을 겪게 될 것이다. 양자컴퓨터의 활용범위를 이미지화했다.

회에서 정보의 선점은 미래산업의 중심이 되는 길이다.

중국은 엄청난 인구만큼이나 쌓이는 빅데이터를 효율적으로 통제해야 하는 국내적 관심사와 국방과 통신산업에 양자컴퓨터를 적용해 강대국으로 발돋움하고자 하는 목표를 가지고 있다. 그리고 2016년 세계 최초의 양자통신 상용화 실험 위성인 '묵자墨子' 호를 발사하는 데 성공했다.

현재 가장 관심이 집중되고 있는 양자컴퓨터 분야는 양자통신과 양자암호다. 양자통신은 이론상 우주를 넘나드는 거리에서도 빠르게 정보를 주고받을 수 있다고 한다. 〈스타트렉〉이나 〈스타워즈〉 같은 SF영화가 현실이 될 수 있는 것이다. 양자암호 또한 양자역학 이론에 의하면 절대 해킹될 수 없는 암호가 될 것이라고 예측된다.

안타깝게도 우리나라의 양자컴퓨터는 상용화를 향해 달려가는 미국이나 중국보다 한참 뒤떨어져 있다. 그래서 전문 인력이 더 절실히 요구되는 분야이기도 하다.

양자역학이라는 매우 난해하고 어려운 미지의 세계로부터 탄생한 양자컴퓨터! 인류는 양자역학의 원리를 이용하여 양자컴퓨터를 만들어 가고 있지만 실상 물리학자들이 말하는 양자의 세계는 '알 수 없다'이다. 그만큼 양자역학의 세계는 현실감 있게 다가오는 분야가 아니다. 마치 우리가 원리는 알 수 없지만 불편 없이 사용하고 있는 스마트폰 같은 느낌인 것이다.

한편으로는 이 모든 것들이 이론에 불과하고 만들었다는 것도 믿을 수 없다며 양자컴퓨터에 대한 비판과 의심의 목소리를 내는 사람들도 있다. 하지만 중요한 것은 정보통신과 빅데이터가 중심이 될 제4차 산업시대의 인류에게 새로운 도약이 필요하다는 것이다. 양자컴퓨터가 이론에 그치게 될지 상용화될지는 앞으로 지켜볼 일이다.

아인슈타인이 예언했던 중력파와 블랙홀의 실체가 2015년과 2019년에 실제 관측되기 전까지 중력파와 블랙홀은 하나의 이론이었으며 수학적인 계산으로만 존재했었던 가상의 물리현상이었다. 그런데 이제 그 모든 것들이 우리

빅데이터를 어떻게 활용하느냐에 따라 국가와 기업의 가치가 달라지는 세상이 오고 있다.

앞에 실체를 드러냈듯이 양자역학의 세계도 양자컴퓨터를 통해 우리 앞에 그 실체를 보여주게 될 날을 기대해본다.

양자컴퓨터에 담긴 과학 - 양자 중첩, 양자 얽힘

세상의 모든 물질의 운동은 예측 가능하며 어떠한 물리적 현상도 법칙으로 설명할 수 있고 물질은 측정과 상관없이 결정되어 있다고 주장했던 고전물리학과는 다르게 물질의 운동은 예측할 수 없는 확률로만 존재하며 물질의 상태는 중첩된 상태로 측정시에 결정된다는 양자역학은 서로 대치되는 이론이다.

죽을 때까지 양자역학을 인정하지 않았던 아인슈타인은 '신은 주사위 놀음을 하지 않는다'라는 명언으로 양자역학의 불확실성을 비꼬기도 했다.

양자역학은 인간의 상식 영역에서는 이해하기 매우 어려운 허무맹랑한 이론처럼 들리기도 한다. 더구나 양자역학자들은 왜 관찰자의 관측 시에만 입자의 상태가 결정되며 전자의 중첩이 일어나는지조차 정확하게 알지 못한다고 하니 이런 양자역학을 어디다 쓸까 싶어 실망스럽기도 하다. 하지만 현재 인류가 누리고 있는 과학 기술의 꽃인 컴퓨터와 스마트폰, LED, 자율주행차, 자기부상열차 등의 전자기기들은 양자역학의 발전 없이는 탄생할 수 없었다.

우리의 삶과는 무관해 보이는 양자역학이 우리의 삶을 어떻게 변화시켰는지 알게 된다면 우리는 양자역학에 대한 감사함과 경이로움을 느끼게 될 것이다.

우리가 사용하고 있는 컴퓨터 안에는 컴퓨터의 뇌라고 불리는 CPU가 있다. 그 CPU는 엄청나게 똑똑할 것 같지만 실은 1과 0의 이진법 연산만 할 줄 아는 어린이와 같다. 이 CPU 안에는 논리회로라는 게 있고 그 논리회로 안에는 데이터 처리장치인 트랜지스터라고 하는 것이 있다. 트랜지스터는 일종의 스위치다. 스위치를 누르면 전자가 흐르고 스위치를 끄면 전자가 흐르지 않는 아주 단순한 구조로 되어 있다. 여기서 스위치의 방향에 따라 도출되는 1과 0을 컴퓨터 데이터 처리의 가장 기본 단위인 '비트'라고 한다.

컴퓨터에 장착된 CPU 모습.

0과 1의 이진법 연산만 가능한 CPU.

우리가 스마트폰을 쓸 수 있게 된 가장 큰 원인은 바로 이 트랜지스터를 포함하고 있는 논리회로와 논리회로를 담고 있는 컴퓨터 CPU의 칩이 아주 작아질 수 있었기 때문이다. 이것을 회로의 '집적도'라고 하는데 집적도가 높을수록 더 많은 계산과 데이터 처리가 가능하다. 반도체 기술의 발달과 함께 줄어든 트랜지스터는 현재 우리 몸 안에 있는 백혈구의 500분의 1에 해당하는 크기까지 작아졌다. 거의 분자 단계까지 간 것이다.

만약 컴퓨터의 성능을 높이고자 트랜지스터의 크기를 더 줄인다면 결국 어느 단계까지 가게 될까?

아마 분자를 넘어선 원자 단계까지 가게 될 것이다. 이미 과학자들은 트랜지스터의 집적도가 원자 단계까지 갈 수밖에 없음을 예견했다. 그런데 문제는 바로 여기에서 발생하게 되었다.

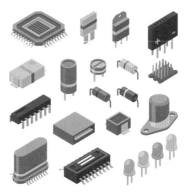

다양한 형태의 트렌지스터.

원자는 양성자와 중성자, 전자 등으로 구성되어 있으며 우리가 그 실체를 볼 수 없는 미시의 세계이다. 바로 이 원자 안의 세계를 양자의 세계라고 한다.

수많은 양자역학자의 연구결과에 따르면 양자의 세계는 우리가 알고 있는 물리적 법칙이 작용하지 않는 신기한 곳이다. 마치 마법의 나라로 가는 문이 열린 것처럼 완전히 새로운 세상이 펼쳐지고 있다.

실제로 원자 단계의 트랜지스터에서 스위치의 조작으로 전자의 흐름을 제어할 수 없다는 결과를 얻게 된 과학자들은 매우 당혹스러워 했다. 이것을 '전자의 터널링' 효과라고 한다.

결국 과학자들은 원자 단계에서는 더 이상 기존 컴퓨터 방식의 트랜지스터로는 전자를 제어할 수 없음을 이해하고 완전히 새로운 방식의 컴퓨터를 만들기로 했다. 그것이 양자컴퓨터다.

양자컴퓨터는 양자의 중첩^{superposition} 현상과 얽힘^{entanglement} 현상을 이용하고 있다. 스위치 작동에 의한 0과 1의 이진법 방식을 사용하는 기존 컴퓨터의 데이터 처리방식과는 다르게 양자컴퓨터의 데이터 처리 방식은 양자의 중첩 현상을 이용한 것이다. 양자의 중첩 현상이란, 하나의 양자에 1과 0을 동시에 포함하는 상태다. 다시 말하면 트랜지스터는 0 아니면 1인 하나의 숫자만을 표현할 수 있지만, 양자는 1과 0을 동시에 포함하고 있어서 하나의 값이 정해지기 전까지 두 개를 전부 표현할 수 있는 것이다. 그래서 두 개의 양자는 00, 01, 10, 11을 동시에 표현할 수 있다.

기존의 컴퓨터는 16bit의 데이터 처리를 위해 16개의 비트가 필요하지만, 양자컴퓨터는 단지 4개의 양자만 있으면 된다. 이렇게 0과 1을 동시에 포함하고 있는 양자컴퓨터의 데이터 단위를 '큐비트'라고 하며 4큐비트는 기존 컴퓨터의 16bit와 똑같은 데이터 처리량이다.

이 정도 차이가 대단한 일이 아니라고 생각한다면 큰 오산이다. 인터넷뱅킹을 할 때 보안카드로 사용되고 있는 RSA 공개키 암호는 소인수분해를 이용하여 만들어졌다. 426bit의 129자리 공개키 암호의 수를 소인수분해하는 데 걸리는 시간은 8개월이다. 이 엄청난 계산을 위해 투입된 슈퍼컴퓨터는 자그마치 1600대였다.

하지만 양자컴퓨터는 4분이면 해결할 수 있다고 한다. 양자컴퓨터의 큐비트

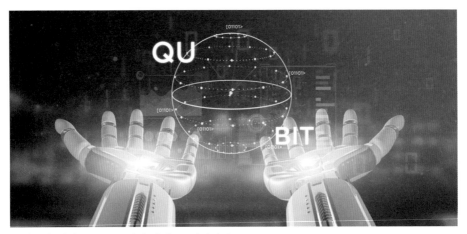

큐비트의 처리 속도는 우리의 상상 그 이상이다.

는 2의 n승의 데이터 처리 속도를 가지고 있다. 양자 10개가 있으면 2의 10승인 1024bit고 0.125KB인 것이다. 단 10큐비트만으로 1024bit와 똑같은 연산 처리가 가능한 것이다.

양자의 세계를 탐구하던 물리학자들은 또 하나의 신기한 현상을 발견하게 된다. 그것은 바로 양자의 얽힘 현상이었다.

양자 얽힘 현상이란 입자 하나가 두 개로 나뉘었을 때 두 입자는 앞서 말했던 중첩 상태로 아직 결정된 게 아닌 상태가 된다. 그때 한쪽 입자가 관측 때문에 결정이 나게 되면 다른 한쪽 입자도 결정이 된다는 현상이다. 예를 들어 한쪽 입자가 0이면 반드시 다른 쪽 입자는 1이 되는 것이다.

양자 얽힘 이론에서는 같은 입자에서 나온 두 양자 간의 관계는 아무리 멀리 떨어져 있어도, 두 양자를 이어주는 매개체가 없어도 상호작용을 한다는 것이다.

양자 중첩이 양자컴퓨터의 데이터 처리 속도에 관한 이론적 배경이라면 양자 얽힘은 양자통신과 관계된 것이다. 전기선이나 전파가 없어도 통신이 가능한 것이다.

우리는 양자 중첩이나 양자 얽힘에 대한 이해만으로도 몇 개월을 지새워야 할지도 모른다. 어쩌면 평생 이해하지 못할 수도 있다. 그런데 이론적 이해의 여부를 넘어 양자컴퓨터는 이제 현실이 되어가고 있다는 것이 더 놀랍다.

현재 양자컴퓨터를 만들고 있는 세계적인 기업으로는 IBM, 인텔, 구글, 마이크로소프트 등이 있으며 국내에는 삼성전자, SK텔레콤, KT 등이 있다. 이 기업들은 경쟁적으로 양자컴퓨터 개발에 힘을 쓰고 있으며 실제 2017년에 상용화시킨 회사도 있다. 그 대표적인 회사가 캐나다의 컴퓨터 개발업체인 'D-WAVE'다. 이미 D-WAVE는 미국 NASA와 방산 업체인 록히드마틴에서 사용하고 있다고 한다.

아직은 기술적 한계와 불확실성이 더 많지만, 양자컴퓨터는 컴퓨터의 혁명인 동시에 인류가 실현해 내고자 하는 또 하나의 꿈이 되었다.

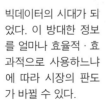

빅데이터의 시대가 되었다. 이 방대한 정보를 얼마나 효율적·효과적으로 사용하느냐에 따라 시장의 판도가 바뀔 수 있다.

지리정보시스템 전문가

지리정보시스템 전문가는 지리정보시스템[GIS] 정보를 수집하여 데이터베이스화하고 사용자의 목적에 맞는 정보를 분석, 가공하여 제공하며 지리정보시스템의 설계, 유지 등을 담당하는 전문가를 통칭한다.

지리정보시스템은 지형, 지리, 공간뿐만이 아닌 사회, 경제, 문화적 정보에 대한 자료도 수집하여 기상 항공분석, 도로, 통신망, 응급구조, 범죄, 군사, 교통망, 상하수도, 도시 계획 등 다양한 산

인공위성은 분야를 막론하고 다양하게 이용되고 있다.

업에 필수적이고 핵심적인 정보로 사용된다. 또한 인공위성, 항공 사진, 현장 조사 등을 통해 정보를 수집하고 수집한 자료를 검색, 관리, 분석해 통계, 지도, 도표 등으로 작성하여 각종 지리, 지형정보를 효율적으로 활용할 수 있도록 만든 첨단 시스템이다.

지리정보시스템 전문가가 하는 일은 매우 많지만 가장 중요한 업무 중 하나는 사용자 목적에 맞는 지리정보시스템의 구조를 설계하고 자료 수집과 분석, 가공하는 것이다. 이것은 지리정보시스템을 이용하는 사용자의 편의에 맞는 데이터를 제공하기 위한 핵심적인 과정이다.

또한 사용자가 시스템을 편리하게 이용할 수 있는 인터페이스(앱 구성화면, 아이콘, USB 커넥터, 음성인식 등)와 응용 프로그램을 개발하고 유지한다.

지리정보시스템을 활용하는 모든 일에 관여해야 하는 지리정보시스템 전문가는 지리정보시스템과 지리, 지형에 대한 이해, 자료 분석 등 매우 다양한 분야의 전문지식이 요구된다.

지리정보시스템 전문가가 되려면 공간 분석, 지도 제작, 항공 측량, 원격감지 기술remote sensing, 데이터베이스 관리 등의 전문지식과 지리정보시스템을 습득해야 하며 지리학, 지질학, 컴퓨터 정보학 등의 관련 학과를 나오거나 관련 분야 석사 이상의 학력이 요구된다.

지도는 실물에서 이제 인터넷 세계로 들어왔다.

주로 공공기관이나 대학, 연구소 등에서 일을 하는 지리정보시스템 전문가의 관련 자격증으로는 지적기능사, 지적산업기사, 지적기술사, 측량 및 지형 공간 정보산업기사 등이 있다.

이 분야에서 우리보다 앞선 미국에서는 GIS 인증기관의 자격증을 따려면 관련 전공을 이수해야 한다. 지리정보시스템 기사는 지리, 지형적 공간에서 나오는 데이터를 분석하는 데 탁월한 감각이 필요하며 지리정보시스템을 활용하기 위해 하드웨어와 소프트웨어를 이해하고 다룰 줄 아는 기술적 능력이 요구된다. 그래서 매우 세심한 관찰력과 창의적인 사고력이 필요하다.

또한 다양한 분야에 이용되는 지리정보시스템의 특성상 많은 사람과 의사소통이 원활하게 이루어져야 하며 이를 바탕으로 성공적인 협업을 할 수 있어야 한다.

우리보다 앞선 미국에서는 이미 20만 명이 넘는 전문 인력이 종사하고 있는 고소득 전문 직업으로 자리 잡은 단계다.

우리나라 또한 1995년부터 국가지리정보체계[NGIS] 사업을 추진하면서 25000/1 지도 제작과 국립지리원, 국토연구원 등의 기관을 중심으로 관계기관과 협의하여 연구기술지원 사업을 적극적으로 진행하고 있다.

2000년에는 '국가지리정보체계의 구축 및 활용 등에 관한 법률'이 제정되었다.

이제 지리정보시스템은 단순 지도개념을 넘어 각각 다른 속성의 정보를 담고 있는 GIS 지도 간의 융합이 이뤄지고 있다. 이러한 융합은 지리정보시스템 전문가들의 창의적이고 혁신적인 아이디

국가공간정보포털 www.nsdi.go.kr

어로 만들어질 수 있으므로 전문 인력의 필요성이 더욱 높아질 것으로 보인다. 따라서 더욱 복잡해지고 다변화되는 제4차 산업시대에 접어들면서, 지리정보시스템의 진보는 사회가 요구하는 새로운 서비스망을 재창출하게 될 것으로 기대된다.

지리정보시스템에 담긴 과학 - 좌표와 함수, 삼각측량, 구면삼각법

지리정보시스템은 현대 사회에 없어서는 안 될 매우 핵심적인 빅데이터를 다루는 시스템이다. 내비게이션, 지하철 노선도, 버스 도착과 교통상황 안내, 응급구조 시스템, 항공운항 등 일상생활 속에 활용되는 정보 대부분이 지리정보시스템을 기반으로 한다.

지리정보시스템에 수집되고 분석되는 정보는 도시, 환경, 교통, 치안 등 정부와 공공기관의 공적 사업을 기획하는 데도 매우 중요한 정보가 된다. 지리정보시스템의 발달은 무선통신, 빅데이터 분석, 항공, 원격탐사 등의 발달과 함께하고 있다.

지리정보시스템의 정보는 현장조사, 항공 사진, 인공위성 사진, 통계자료 검색 등 다양한 경로를 통해 수집된다. 이렇게 수집된 정보는 일정 지역의 공간 정보(위치), 속성 정보(특성), 관계 정보(지리정보 간의 관련성)를 포함하고 있으며 여기에 2차원 종이지도를 기반으로 한 GPS 디지털 좌표가 합해져서 만들어진다. 결국 지리정보시스템은 2차원 종이지도가 디지털과 무선통신 기술의 발달로 진화한 첨단 빅데이터 지도인 셈이다.

그렇다면 지도는 어떻게 만들어지는 것일까?

수작업에서 디지털화된 첨단 장비로 도구가 바뀌었을 뿐, 지도는 좌표와 순서쌍의 수학 원리가 정립되지 않고는 정교하게 발달할 수 없었다.

최초로 좌표 개념을 도입한 수학자는 17세기 프랑스의 수학자 데카르트다. 데카르트는 그의 저서 기하학을 통해 음수를 포함한 (x, y) 좌표를 2차원 평면 위에 표현했다. 이어 수학자 페르마는 2차원 평면좌표에 z축을 더해 3차원 공간좌표로 발전시켰다.

데카르트와 페르마의 좌표 개념은 함수 개념을 탄생시켰다. 좌표와 함수가 만나면서 수학, 물리학의 발전과 더불어 움직이는 자연현상과 시간, 거리, 속도의 변화를 알 수 있게 되었다. 이러한 좌표 개념의 정리를 통해 곡선과 도형, 삼차원 공간 속의 위치가 수와 식을 통해 표현되고 계산할 수 있게 되면서 2차원, 3차원 지도 제작을 가능하게 하였으며 무선통신의 발달과 함께 디지털 지도가 탄생할 수 있는 기반을 마련했다.

좌표가 지도에 이용되면서 지형물의 위치뿐만 아니라 지형물 간의 거리를 계산하는 것도 가능해졌다. 지형물의 거리측정에는 삼각측량법을 이용해

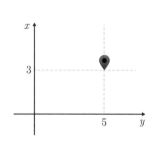

2차원 평면좌표

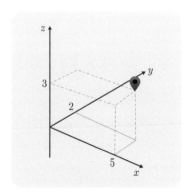

3차원 공간좌표

왔다.

삼각비는 한 변의 길이와 그 변의 양 끝각의 각도를 알면 나머지 두 변의 길이를 알아낼 수 있는 공식이다. 삼각비 공식을 이용하면 먼 거리에 있는 지형물 꼭대기와 측량자의 각도를 측정하여 cos(밑변/빗변), sin(높이/빗변), tan(높이/밑변)의 삼각비 공식을 이용해 지형물의 높이와 지형물 간의 거리를 계산해 낼 수 있다. 이 원리를 조금 넓은 지역으로 확장하면 지도상에 아주 먼 거리에 있는 지역 간의 삼각측량도 가능하다.

측정하고자 하는 지역과 주변 지역에 삼각점을 찍어 삼각형을 만든 다음 거리를 계산하는 방법으로, 여기에도 피타고라스 정리와 삼각비가 이용된다.

피타고라스 정리는 직각삼각형에서 양 두 변의 제곱의 합은 빗변의 제곱 합과 같다는 공식이다.

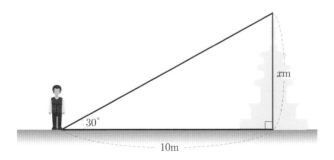

피타고라스의 정리와 삼각비를 이용하면 아무리 먼 곳도 지역 간의 삼각측량이 가능하다.

이미 거리를 알고 있는 두 지형물이나 지역을 양 끝점으로 잡고 측정하고자 하는 지형물이나 지역에 선을 이어 직각삼각형을 만든 다음 피타고라스 정리를 이용하여 거리를 측정할 수 있다.

삼각측량법의 발달로 정확한 토지 측량과 지도 제작이 가능해졌다. 그리고 삼각비와 피타고라스 정리를 이용한 삼각측량법은 2차원 평면상에서는 유용했다. 하지만 구면인 지구

$$a^2 + b^2 = c^2$$

피타고라스의 정리.

상에서 멀리 떨어진 지역의 거리를 계산하는 데는 오차와 한계가 있었다. 그래서 지구와 같은 구면상에서는 삼각형의 변과 각의 관계를 삼각함수를 이용해 나타낸 구면삼각법을 이용하여 거리를 계산한다.

구면삼각법은 천문학이나, 항해, GPS 시스템에도 이용된다. GPS는 지구상에 떠 있는 3개의 위성이 지상의 GPS 수신기와 거리를 각각 구한 후, 삼각측량법을 이용하여 수신기의 위치를 계산한 다음 좌표상에 나타내는 원리다.

좌표와 함수, 삼각비, 피타고라스 정리 등 수학적 기반이 없었다면 지도 제작과 지형, 지리적 정보를 수집하는 방법이 발달할 수 없었을 것이다.

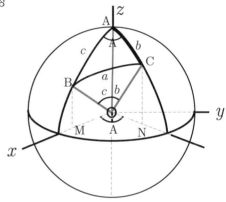

구면삼각법의 예.

이러한 기반 위에 무선통신과 사물인터넷, 빅데이터의 4차 산업이 더해져 현재의 첨단 지리정보시스템을 갖출 수 있게 되었다.

GPS가 우리 삶 속에 직접적으로 이용되고 있는 분야들.

데이터 사이언티스트

데이터 사이언티스트는 국가기관이나 기업을 비롯한 개인이 수집한 방대한 양의 디지털 정보를 분석하여 사용자가 원하는 분야에 적용할 수 있도록 의미 있는 정보를 찾아내는 데이터 분석 전문가를 말한다. 데이터 사이언티스트는 방대한 빅데이터 안에서 심층적이고 다양한 기술적인 분석 방법으로 사용자가 원하는 가치 있는 데이터를 수집, 분석, 예측하여 활용할 수 있도록 돕는 일을 한다.

미국의 한 마트에서는 고객의 상품 구매 패턴 분석을 위한 매출 상품 간의 연관성을 연구하기 시작했다.

맥주와 기저귀의 상관관계를 기혼 남성 구매 고객에게서 관찰할 수 있다.

이 연구에 투입된 데이터 사이언티스트는 기저귀와 연관 품목을 추출하는 과정에서 맥주를 발견하게 된다. 마트의 매출리스트 데이터와 결제시스템을 분석한 결과, 기저귀를 사러 온 남자 고객들은 대부분 맥주를 사 간다는 것을 발견하면서 이 내용은 마트의 상품진열에 반영되어 기저귀 판매대 옆에 맥주 코너를 배치하게 된다. 결과는 성공적이었다. 데이터 사이언티스트의 분석결과가 맥주의 판매량을 급격히 증가하게 만든 것이다.

이 사례는 데이터 사이언티스트의 역할이 무엇인지를 알려주는 단편적인 이야기다. 데이터 사이언티스트는 빅데이터 분석을 위한 데이터마이닝, 자연어 처리, 패턴 인식, 기계어 학습 등 다양한 분석기술을 다루고 비정형 데이터를 분석하기 위한 텍스트 마이닝, 오피니언 마이닝, 사회연결망 분석에 대한 분석 기술들을 이해해야 한다,

이러한 정형, 비정형 데이터 분석을 위해 하둡(데이터 분산저장 및 처리 시스템)이나 NoSQL 프로그램 등이 쓰인다. 하둡은 여러 대에 분산되어 저장되어

빅데이터.

있는 데이터를 효율적으로 지원해서 빅데이터 처리를 돕는 시스템으로 야후와 페이스북에서 사용하고 있다. 또한 데이터 분석기술을 통해 수집, 분석된 데이터를 시각화하는 작업도 데이터 사이언티스트가 하는 일 중 하나다.

데이터 시각화란 분석된 데이터의 결과를 사람들이 이해하기 쉽도록 표와 그래픽을 이용해 전달하는 과정이다. 대표적인 프로그램으로 R과 D3.js가 있다.

데이터 시각화의 대표적인 사례로 '서울 열린 데이터 광장'이 있다. 이것은 서울시가 데이터 시각화 솔루션인 DAISY를 이용하여 공공데이터를 시민에게 공개한 사례로서 다양한 공공의 데이터를 한눈에 볼 수 있도록 잘 정리해둔 사이트다.

서울 열린 데이터 광장 홈페이지 주소
data.seoul.go.kr

빅데이터를 분석하는 기술들은 계속 진화하고 개발되고 있다. 데이터 사이언티스트는 새로운 기술을 습득하고 적응하는 순발력이 필요하다. 데이터 사이언티스트에게 유리한 전공으로는 수학, 통계학, 컴퓨터 공학, 산업공학, 마케팅, 경영학 등이며 연세 대학, 울산과학기술대학, 키스트 등에는 석·박사 과정도 개설되어 있다.

수많은 분야에 응용되는 빅데이터를 다루는 데이터 사이언티스트는 사람과 사회현상에 대해서 끊임없이 관찰하고 분석하는 습관과 정치, 경제, 역사, 심리, 예술을 비롯한 문화콘텐츠, 금융, 마케팅, 의료, 보안, 교육 등 다양한 분야에 관한 관심을 놓아서는 안 된다.

다가오는 미래 사회는 태어나서 사망할 때까지 인간의 모든 삶이 빅데이터로 분석되는 사회를 맞게 될 거라고 한다. 결국 데이터 사이언티스트가 인간의 삶 전체를 이해하지 못한다면, 아무리 많은 양의 빅데이터를 분석하고 최첨단 분석기술을 습득하더라도 아무런 의미가 없는 컴퓨터 저장장치에 불과하게 될 것이다.

빅데이터는 제4차 산업의 핵심 기술로 불리는 인공지능, 사물인터넷, 로봇들의 기반기술로, 그 수요는 폭발적으로 늘어날 것이며 데이터 사이언티스트의 수요 또한 증가할 것으로 전망된다.

현재 빅데이터 전문인력은 매우 부족한 상태다. 한국데이터베이스 진흥원에서는 2016년, 데이터 분석 전문가와 데이터 준분석 전문가라는 국내 첫 빅데이터 관련 국가공인자격을 만들었다.

한국데이터 진흥원 홈페이지
www.kdata.or.kr

외국 또한 MIT, 스탠퍼드 대학, 노스캐롤라이나 주립대학 등 유수의 대학들에서 데이터 사이언티스트 과정을 개설했으며 유명한 소프트웨어 회사인 미국의 오라클사에서는 OCA, OCP, OCM라는 전문 빅데이터 관련 국제자격증 과정을 개설해 빅데이터 분야로 진출하려는 사람들에게 다양한 기회를 주고 있다.

또한 구글, 아마존, BM, Oracle 등 해외 인터넷과 소프트웨어 기업에서는 빅데이터 시장 선점을 위해 엄청난 투자와 치열한 경쟁을 하고 있다.

이러한 국·내외의 다양한 움직임을 보면 빅데이터에 쏠리는 세계 기업들과 정부 기관의 관심과 기대는 상상 이상이라고 할 수 있다. 그만큼 빅데이터의 선점은 미래 산업의 선점으로 이어질 기회가 되기 때문이다. 그런 면에서 빅데이터는 제4차 산업혁명 시대를 이끌어 가는 가장 핵심적인 기술이며 그 기술을 이끌어 갈 데이터 사이언티스트에게 거는 관심과 기대 또한 폭발적으로 늘어날 것으로 전망된다.

빅데이터에 담긴 과학 - 통계와 도수분포표

빅데이터란, 엄청나게 방대한 양의 데이터를 효율적으로 수집 분석하는 거대한 시스템이다. 생활 속에서 빅데이터의 가치를 느낄 수 있는 가장 친숙한 분야는 마케팅이다. 빠른 배송을 위한 소비자의 구매패턴 분석에 빅데이터를 활용한 사례는 빅데이터의 실효성을 실감하게 해준다.

일반적으로 물류배송은 소셜커머스 기업의 중앙 물류창고에서 주문받은 제

수많은 정보와 기록들이 쌓인 빅데이터는 데이터 사이언티스트를 만나 활용 가치가 높은 자료로 바뀌게 된다.

품을 포장한 뒤 전국으로 발송을 하는 시스템으로 운영되고 있었다. 이런 시스템의 단점은 주문서를 확인하고 포장, 배송하는 기간이 길다는 것이다.

하지만 빅데이터를 이용하여 지역별, 나이별, 주문 수량별 분석을 한 후 지역의 물류창고에 상품을 미리 비치하여 주문이 들어오는 즉시 주문자의 인근 물류창고에서 바로 배송하는 시스템 구축이 가능해졌다.

이밖에도 서울시 심야버스 노선도, 미국 오바마 대통령 선거, FBI의 범죄 프로파일링, 미국의 기상청, 나사^{NASA} 등에서 빅데이터를 활용하여 성공한 사례가 많다. 이처럼 빅데이터는 우리 생활 속으로 들어와 인공지능, 사물인터넷, 로봇 등 제4차 산업을 발전시키는 데 중요한 역할을 하게 될 것이다.

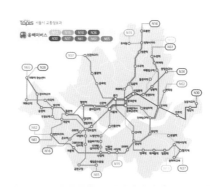

서울시 교통 정보과에서 제공하는 심야버스 노선도.

그렇다면 빅데이터란 무엇일까?

데이터를 저장하는 데이터베이스와 빅데이터가 구별되는 점은 다음에 있다.

먼저 빅데이터는 엄청난 양의 데이터를 다룬다. 데이터의 용량 단위는 비트, 바이트, 킬로바이트^{KB}, 메가바이트^{MB}, 기가바이트^{GB}, 테라바이트^{TB}, 페타바이트^{PB}. 엑사바이트^{EB}

빅데이터가 다루는 데이터의 양은 어마어마하다.

순서로 구성되어 있다. 빅데이터라고 하면 페타바이트[PB] 이상의 용량에 해당하는 데이터를 말한다.

두 번째, 빅데이터는 정형 데이터와 비정형 데이터를 모두 다룬다. 컴퓨터는 인간의 언어가 아닌 0과 1로 구성된 이진법 숫자의 형태로 데이터를 이해하고 저장한다. 이처럼 컴퓨터가 연산을 통해 쉽게 이해할 수 있도록 정리된 데이터를 '정형 데이터'라고 하며 컴퓨터가 이해할 수 없는 형태의 데이터를 '비정형 데이터'라고 한다.

정형 데이터 중 하나로 엑셀 파일이 있다. 엑셀은 표 계산을 하는 프로그램으로 컴퓨터가 이해할 수 있는 연산 가능한 수식 형태로 데이터가 정리되어 있다.

비정형 데이터는 문서, 동영상, 사진, 웹 검색정보, SNS, 유튜브, 자연어(사람 언어) 등을 말하며 인터넷과 스마트폰의 보급으로 비정형 데이터의 수가 월등하게 많아지고 있다. 또한 사물인터넷과 증강현실 등 4차 산업의 발달로 스마트 기기와 사물이 연결되면서 사물 간에 수집되는 비정형 데이터의 수가 폭발적으로 늘고 있다.

정형 데이터의 좋은 예인 엑셀.

비정형 데이터는 정형화시킬 수 없는 데이터를 말한다.

현재 빅데이터는 넘쳐나는 비정형 데이터를 어떻게 수집, 분석할 것인가에 관한 연구가 점점 더 증가하는 추세이다. 비정형 데이터는 '텍스트 마이닝', '웹 마이닝' '오피니언 마이닝'이라는 기술을 통해 컴퓨터가 이해 가능한 정형 데이터로 바꾼다.

세 번째, 빅데이터는 엄청난 양의 데이터를 순식간에 처리할 수 있는 빠른 처리속도를 가져야 한다. 분석 시간이 오래 걸리면 양질의 데이터라 할지라도 적절한 곳에 유용하게 쓰일 수 없기 때문이다.

네 번째, 빅데이터의 정보는 가치성이 있어야 한다. 정보의 홍수 시대에 사는 우리에게 의미 없이 던져지는 정보들은 오히려 피로감만 더해 주기 때문이다. 수많은 데이터 속에서 가치 있는 정보를 찾아내는 것도 빅데이터의 특징이라고 할 수 있다.

빅데이터가 방대한 데이터 속에서 사용자가 원하는 데이터를 빠르게 추출하여 가치 있고 유용한 정보로 만들 수 있었던 바탕은 통계와 도수분포표라는 수학적 기반이 있었기 때문이다.

도수분포표는 주어진 자료를 몇 개의 구간으로 나누어 각 구간에 해당하는 계급에 속하는 자료의 수를 조사하여 나타낸 표를 말한다. 이것은 자료를 분석하여 표나 그래프로 표현하는 방법으로, 인터넷 사이트의 하루 접속자 수, 물품 판매량, 동영상 시청 시간, TV 시청률, 성적 관리, 일일교통량 등 수많은 정형, 비정형 데이터를 분석하는 데 있어 바탕이 되는 기초 원리다.

도수분포표는 변량, 계급, 계급의 크기를 살펴 데이터를 분석한다.

변량은 자료를 수량으로 나타낸 값으로 변량으로만은 자료를 분석할 수 없다. 그래서 필요한 것이 계급이다.

계급은 변량을 일정한 간격으로 나눈 구간을 말한다. 자료에서 가장 작은 값과 가장 큰 값을 찾은 후 일정한 범위를 정해 계급을 나눈다. 자료의 크기에 맞게 계급의 개수가 정해지면 자료가 중복되지 않도록 계급의 간격이 일정하게 계급의 크기를 정한다. 이렇게 정해진 변량, 계급, 계급의 크기로 만들어진 도수분포표를 기

통학시간(분)	학생 수(명)
0 이상~10 미만	5
10 이상~20 미만	5
20 이상~30 미만	4
30 이상~40 미만	6
40 이상~50 미만	7
50 이상~60 미만	3
합계	30

어느 중학교에서 조사한 통학시간을 도수분포표로 만들었다.

초로 다양한 통계 방식을 적용하여 자료를 분석할 수 있다.

이러한 도수분포표의 원리를 컴퓨터에 적용해 프로그램을 만들면 변량의 수가 엄청나게 많은 데이터도 빠르게 분석해 낼 수 있게 된다. 이러한 수학적 기반 아래 다양한 통계분석의 기초가 만들어졌고 빅데이터 분석법 중 하나로 발전할 수 있었다.

미래로 갈수록 빅데이터의 활용도와 이를 분석할 수 있는 데이터 사이언티스트의 가치는 높아질 것이다.

반도체 공학기술자

우리 생활 속에서 전자제품의 영향력은 엄청나다. 전자제품이 없는 세상은 상상하기 어려울 정도로 우리 생활은 전자제품들로 가득 차 있다. 이러한 일이 가능했던 이유는 200여 년에 걸친 전자기학의 비약적인 발달이 있었기 때문이다. 그중에서도 반도체의 개발과 발전은 본격적인 전자기기 세상을 여는 데 핵심적인 역할을 했다.

반도체 공학기술자는 이러한 다양한 전자제품에 사용되는 반도체의 설계에서부터 기술개선, 관리, 개발을 총괄하는 전문가를 말한다. 반도체 공학기술자가 하는 일은 매우 다양하고 많지만,

반도체의 개발로 우리는 본격적인 전자기기의 세상을 맞이하게 되었다.

다음으로 요약할 수 있다.

첫 번째는 전자기기의 핵심 부품인 반도체의 성능을 개선하고 새로운 반도체를 개발하는 일을 한다.

두 번째는 반도체에 대한 전반적인 기술적 지식을 활용하여 반도체를 생산하는 공정에 필요한 온도, 압력, 시간 등 최적 조건을 설정하는 일을 한다.

마지막으로, 반도체 생산공정에 알맞은 설비와 장비를 점검하고 그에 맞는 작업 지시와 불량제품에 대한 원인 분석 및 개선 대책을 수립한다.

반도체 공학기술자가 되기 위해서는 수학, 물리, 화학, 전기, 전자에 대한 기반 지식이 필요하다. 이를 바탕으로 고급 수학과 물리, 전자기학에 대한 이론과 기술적 지식을 쌓아야 하며 복잡하고 어려운 수식계산을 끝까지 해낼 수 있는 인내력이 필요하다. 또한 기술 개발과 제조 공정과정에서 발생할 수 있는 수많은 문제를 해결해 나갈 수 있는 판단력과 문제해결 능력, 분석력이 요구되며 새로운 기술 개발에 대한 열정과 창의력도 요구된다.

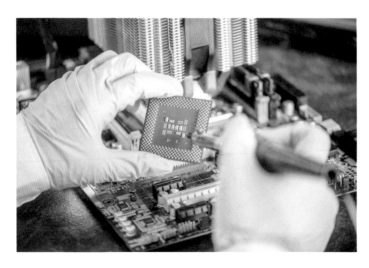

반도체 공학기술자는 주로 기업체 연구소와 대학에서 근무하게 된다.

반도체 공학기술자로 일하기 위해서는 전기, 전자공학, 반도체 공학, 신소재 공학 등 관련 분야를 전공하고 대학원 이상의 전문지식을 습득하는 것이 매우 유리하다. 주로 대학이나 기업체의 연구소에서 일하며 관련 자격증으로는 반도체 설계기사가 있다.

반도체를 만드는 일은 한 사람의 힘만으로 불가능하다. 따라서 반도체 전 공정에 대부분 관여해야 하는 반도체 공학기술자는 수많은 공정과 다양한 분야의 전문가와 함께 협업을 해야 하는 만큼 원활한 소통과 원만한 대인관계 능력을 필요로 한다.

반도체에 담긴 과학 - 트랜지스터와 다이오드

스마트폰은 인류가 지금까지 쌓아온 전기, 전자 기술의 꽃이라고 불러도 손색 없다. 정치, 경제, 문화 등 사회 전반에 걸쳐 스마트폰만큼 우리의 삶을 통째로 바꿔 놓은 전자기기는 없을 것이다. 이것이 가능했던 이유는 반도체 칩이 있었기 때문이다.

스마트폰뿐만 아니라 텔레비전, 라디오, 태블릿 PC, 노트북 등 우리가 현재 사용하고 있는 모든 전자제품에는 반도체 칩이 사용되고 있다.

반도체 칩이 가능할 수 있었던 첫 번째 이유는 20세기 전자 혁명을 몰고 온 '트랜지스터'의 개발이다.

트랜지스터를 개발한 사람은 미국의 물리학자 존 바딘으로, 1947년 동료인 윌리엄 쇼클리, 월터 브래튼과 함께 반도체를 연구했다.

1947년 이전에는 전자부품에 아주 큰 유리 진공관이 사용되고 있었다. 유

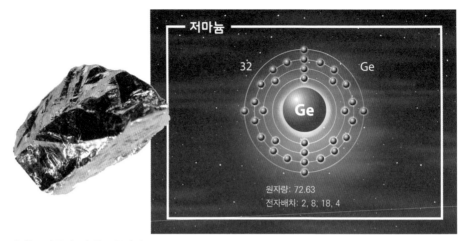

저마늄 광물과 저마늄 동위원소.

리 진공관은 엄청난 전력 소모와 열을 발생시켰으며 쉽게 깨지는 단점이 있었고 크기 또한 커서 매우 불편했다.

  이런 유리 진공관의 단점을 개선하고 대체할 새로운 전자부품을 찾고 있던 바딘은 반도체인 저마늄^{Ge}에 관심을 갖게 되었다. 납땜으로 저마늄을 연결하며 전류가 흐른다는 것을 알게 된 바딘은 수많은 실험의 실패 끝에 반도체인 저마늄이 강한 전류에는 저항이 커지고 약한 전류에는 저항이 약해지는 현상을 발견하게 된다. 반도체가 강한 전류는 약하게 만들고 약한 전류는 증폭함으로써 저항을 바꾸는 역할을 한 것이다. 바딘은 이러한 현상에 대해 '저항을 옮긴다'라는 의미로 트랜지스터라 명명했다.

  베이스^{base}, 에미터^{emitter}, 컬렉터^{collector}로 불리는 3개의 전극으로 구성된 트랜지스터는 유리 진공관보다 50배 작았으며 전력 소모량은 백만분의 1밖에 되지 않았지만, 성능은 비교할 수 없을 정도로 뛰어났다.

트랜지스터의 개발로 인해 전자제품의 크기는 혁신적으로 작아졌으며 가벼워졌다. 트랜지스터는 통신과 계산용 논리회로 칩의 필수부품이 되었으며 오늘날의 전자 혁명과 정보화시대를 불러왔다.

존 바딘은 이 공로를 인정받아 1956년 동료들과 노벨물리학상을 받았다.

트렌지스터는 컴퓨터, 라디어, TV 등 다양한 전자제품에 사용되고 있다.

현재 트랜지스터의 집적도는 분자상태까지 작아진 상태이다. 작은 스마트폰 하나가 TV, 라디오, 음향기기, 사진기 등 수백까지 전자제품을 합친 만큼의 기능을 할 수 있는 이유도 트랜지스터의 집적도가 높아졌기 때문이다.

트랜지스터의 발전은 이제 원자 단계까지의 '집접도'를 바라

규소.

보고 있다. 양자컴퓨터, 양자통신의 가능성은 트랜지스터가 얼마나 작아질 수 있느냐에 달린 것이다. 이제 전자, 전기, 통신 기술의 발전은 트랜지스터의 발전과 비례한다.

그렇다면 트랜지스터를 탄생시킨 핵심 소재였던 반도체는 무엇일까?

반도체는 전기가 흐르는 도체와 흐르지 않는 부도체의 중간 상태를 말하여 조건에 따라 도체와 부도체의 성향을 띠는 물질이다. 대표적인 순수한 반도체로는 주기율표의 14족에 해당하는 저마늄(Ge), 규소(Si) 등이 있다.

바딘이 만든 트랜지스터에는 반도체인 저마늄(GE)이 사용되었으나 현재는 실리콘과 13족의 붕소(B), 15족의 인(P) 등을 첨가한 화합물 반도체가 주목받고 있다. 반도체의 종류에는 n형과 p형이 있다.

n형 반도체는 공유결합(2개의 원자가 서로 전자를 방출하여 형성한 전자쌍을 공유하는 결합)을 하는 순수한 14족 반도체에 전자가 더 많은 15족 원소를 첨가하여 공유결합을 하고 남은 과잉 전자를 발생시켜 만든 것이다.

p형 반도체는 순수한 14족 반도체에 전자가 부족한 13족 원소를 첨가하여 n형 반도체와는 반대로 공유결합하는 전자가 부족하여 정공hole이 발생하도록 만든 것이다.

n형과 p형 반도체를 연결해 만든 소자를 다이오드diode라고 한다. 다이오드는 p형 반도체에서 n형 반도체로만 전류가 흐르게 하고 반대방향으로는 전

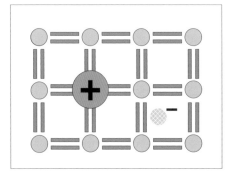
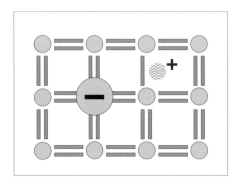

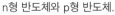
n형 반도체와 p형 반도체.

류가 흐르지 못하게 하는 정류작용을 이용해 만든 소자다. 다양한 다이오드가 있으나 일반적으로 다이오드는 교류(발전소에서 가정에 공급되는 고전압 전류)를 직류로 바꿔주는 일을 한다.

다이오드와 트랜지스터와 같은 기본 소자가 수십만 개에서 수백만 개가 연

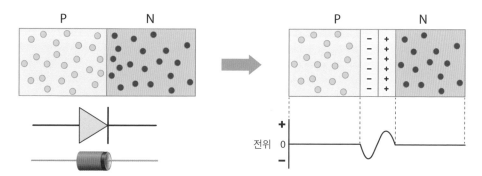

n형 반도체와 p형 반도체를 연결해 만든 다이오드.

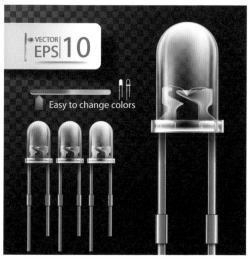

다이오드 이미지.

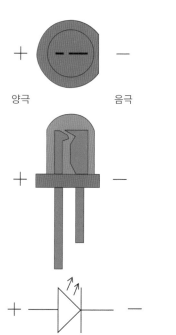

결되어 만들어진 것이 반도체 집적회로 integrated circuit 칩이다. 반도체 칩(집적회로)이 개발되고 혁신적으로 작아지면서 인류는 학문 속에서만 존재하던 전자기를 비로소 우리 생활 속으로 가져와 제4차 산업혁명에 이를 수 있게 되었다.

이밖에도 다양한 소자를 이용하여 만들어지는 반도체 칩은 가정용 전자제품뿐만 아니라 첨단 전자산업과 태양전지 등 수많은 분야에 응용되며 현대판 '현자의 돌 Philosopher's Stone'이 되었다.

컴퓨터 그래픽 디자이너

컴퓨터 그래픽^{CG} 디자이너는 각종 방송 제작물, 영화, 게임, 광고, 인터넷 홈페이지 등에 컴퓨터 그래픽 프로그램을 이용하여 그래픽, 실사 표현, 특수 효과, 3D 입체 효과 등을 표현하는 전문가를 말한다.

컴퓨터 그래픽 기술의 발전과 함께 시작된 컴퓨터 그래픽 디자이너는 예술적 감각뿐만 아니라 컴퓨터 그래픽 프로그램을 자유자재로 운용할 수 있는 능력이 있어야 한다. 영상물이나 디자인을 기획한 사람의 연출과 의도에 적합한 컴퓨터 그래픽 구현을 위해서는 창의력과 독창성이 필요하며 장시간이 걸리는 매우 섬세한 작업이니만큼 꼼꼼함과 인내심도 요구된다.

컴퓨터 그래픽 디자이너가 되기 위해서는 산업디자인, 컴퓨터 그래픽 등을 전공하면 유리하지만, 정규교육 과정이 아니더라도 사설 전문교육 기관에서 실력을 쌓는 방법도 있다.

컴퓨터 그래픽 디자이너.

관련 자격증으로는 시각디자인 산업기사, 컴퓨터 그래픽스 운용기능사 등이 있으며 자격증을 취득하는 것도 컴퓨터 그래픽 디자이너로 진출할 수 있는 좋은 방법 중 하나다.

컴퓨터 그래픽 디자이너는 학력이나 전공에 앞서 실력이 우선되는 직업이다. 그림이나 사진을 입체적으로 컴퓨터에 옮기는 단순한 과정을 떠나 제작자의 기획 의도를 잘 이해하고 사람들에게 효과적으로 표현하기 위해서는 그림 솜씨나 컴퓨터 운용 기술만으로는 한계가 있다. 따라서 사람들의 생각, 사회 문화적인 트렌드, 사물을 바라보는 독특한 시각과 감성 등을 길러야 한다. 이를 위해서는 평소에 철학, 사회, 문화적인 분야에 대한 관심을 키우며 사람의 마음을 이해하기 위한 다양한 노력이 있어야 한다.

컴퓨터 그래픽 디자이너는 주로 방송, 광고, 게임, 애니메이션 회사에 진출하며 인쇄, 건축, 전문 컴퓨터 그래픽 회사 등에서도 일을 한다.

제4차 산업시대로 진입하면서 컴퓨터 그래픽의 영역은 영상제작뿐만 아니라 새로운 영역으로 확대되고 있다. 스마트폰의 보급이 시작되고 애플리케이션 사용이 증가하면서 그래픽 사용자 인터페이스^{GUI}의 중요성이 높아지면서 일할 수 있는 분야도 확대되어가는 중이다.

그래픽 사용자 인터페이스란, 사용자가 컴퓨터와 쉽게 소통할 수 있도록 그림이나 아이콘, 기호, 색상 등으로 표현하는 것을 말한다. 그래픽 사용자 인터페이스는 스마트폰, 웨어러블 디바이스, MP3 플레이어, 게이밍 장치 등 매우 다양한 곳에 사용되고 있다.

인터페이스의 예.

우리가 생활 속에서 쉽게 이해할 수 있는 그래픽 사용자 인터페이스의 예로는 마이크로소프트사의 윈도우 운영체계를 들 수 있다. 명령어를 하나씩 입력해야 하는 MS-DOS의 불편했던 운영체계를 한눈에 볼 수 있는 그래픽과 아이콘, 위젯, 포인터 등을 통해 편리하게 바꾸면서 MS사는 컴퓨터의 대중화에 불씨를 놓았다.

그림이나 아이콘으로 표현되는 함축성과 상징성 때문에 그래픽 사용자 인터페이스의 활용도는 점점 더 높아가고 있다. 그래서 이 분야에 컴퓨터 그래픽 디자이너들의 역량이 더욱 필요해지는 중이다.

이밖에도 의료나 항공 시뮬레이션, CAD, 인쇄 편집, 스마트폰 애플리케이션을 사용하는 사용자들에게 더욱 편리한 환경을 제공하기 위한 UX 디자인User Experience 등에 컴퓨터 그래픽이 사용되고 있다.

영상물의 홍수 속에서 사는 현대인들에게 컴퓨터 그래픽CG은 더는 신기하거나 낯선 영상물이 아니다. 그만큼 영상제작 분야에서는 컴퓨터 그래픽이 필

컴퓨터 그래픽 디자이너들의 손에서 탄생한 이미지들.

수적인 분야가 되었다는 말이기도 하다.

컴퓨터 그래픽 디자이너는 모든 정보가 그래픽으로 처리되고 있는 환경 속에서 더 많은 수요와 관심을 받게 될 것으로 전망된다.

컴퓨터 그래픽에 담긴 과학

1950년대 처음으로 시작된 컴퓨터 그래픽은 예술가가 아닌 수학자와 과학자들에 의해서 탄생했다. 1960년 미국 보잉의 연구원인 윌리엄 페터[William]

Fetter가 처음으로 컴퓨터 그래픽이라는 단어를 사용한 이래, 꾸준히 발전해 온 컴퓨터 그래픽 기술은 영화와 만나면서 엄청난 폭발력을 가지게 된다.

1991년 개봉된 미국 영화 〈터미네이터 2〉는 전작에서는 상상할 수조차 없는 진보된 컴퓨터 그래픽을 사용해 엄청난 흥행수익과 함께 컴퓨터 그래픽 기술의 완성도를 끌어올렸다. 그 당시까지 경험해보지 못한 환상적인 영상들이 컴퓨터 그래픽으로 가능해지면서 〈론머맨(1992)〉 〈쥬라기 공원(1993)〉 등을 통해 시각적 특수효과Visual Effects 분야에 컴퓨터 그래픽의 유용함과 가능성을 확실히 보여주었다.

1995년에는 디즈니의 최초 풀 3D CG 장편 애니메이션 영화 〈토이 스토리〉가 개봉되면서 오로지 컴퓨터 그래픽만으로 제작된 애니메이션 세상의 문을 열게 된다. 〈토이 스토리〉에서 보여준 컴퓨터 그래픽은 과학과 예술의 만남으로 이룬 결실이 무엇인지를 확인시켜 주었다. 실사 이상으로 자연스러운 캐릭터들의 움직임에 사람들은 열광했으며 이후 컴퓨터 그래픽 애니메이션이라는 새로운 시대가 열리게 되었다.

이후 현재에 이르기까지 컴퓨터 그래픽 기술은 폭발적인 발전을 거듭하면서 실사보다 더 실사와 같은 장면들을 연출하는 단계로 접어들었다. 컴퓨터 그래픽으로는 표현 불가능할 것으로 생각하였던 물의 흐름, 타오르는 불, 동물의 털, 흐르는 유체 등을 과감하게 구현해 내며 컴퓨터 그래픽 기술의 한계를 뛰어넘는 시대가 된 것이다.

이러한 기술은 눈부신 발전을 거듭한 컴퓨터 하드웨어와 정밀한 수학적 기반 아래 만들어진 소프트웨어의 비약적 발전이 있었기에 가능할 수 있었다. 우리를 놀라게 한 〈토이 스토리〉의 성공은 철저하게 계산된 수학 방정식으로 만든 뛰어난 수학자들의 CG프로그램이 있었기 때문이다.

여기에 사용되는 수학은 매우 복잡한 방정식과 함수를 기반으로 하는 미분과 적분이다. 특히 미분과 적분은 컴퓨터 그래픽 프로그램에 없어서는 안 될 수학이다. 작가들이 그린 캐릭터는 우리가 보기엔 그림이지만 컴퓨터는 이진법으로 계산된 점과 선과 면의 연속일 뿐이다. 캐릭터에 명함을 주고 색을 입히고 자연스러운 동작을 부여하는 것 모두가 컴퓨터에는 점으로 이루어진 0과 1의 아주 복잡하고 까다로운 계산식이다. 이 점들은 컴퓨터상에 (x, y, z)로 대응되는 좌푯값을 가지며 이 좌푯값은 직선, 곡선의 3차원 함수그래프로 표현될 수 있다. 3차원 함수로 표현된 그래프는 함수의 순간변화율을 나타내는 미분공식에 의해 계산되어 구현될 수 있다.

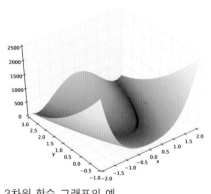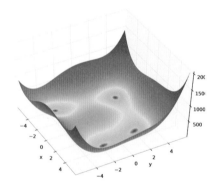

3차원 함수 그래프의 예.

이미지를 크게 확대하여 이미지가 깨지지 않게 데이터를 복원하는 것에는 적분이 이용된다.

딱딱하고 어렵기만 한 수학이 컴퓨터 그래픽의 사실성을 높이고 영상에 현실감을 준 예는 얼마든지 찾아볼 수 있다. 물의 흐름이나, 소용돌이치는 바다, 타오르는 불꽃, 바람에 휘날리는 머리카락 등 아주 섬세하고 미세한 실사 표현에는 좀 더 고차원의 복잡한 수학이 적용된다.

디즈니의 3-D$^{\text{Disney Digital 3-D}}$ 애니메이션 영화 〈정글북(2016)〉과 〈캐리비안의 해적(2017)〉에 표현되는 컴퓨터 그래픽은 휘몰아치며 소용돌이치는 바다와 웅장하게 떨어지는 폭포수, 살아서 금방이라도 뛰어나올 것만 같은 동물들의 섬세한 털까지 실사보다 더 실사답게 구현해냈다.

컴퓨터 그래픽의 영역은 무한하며 우리의 상상력을 실현시키고 있다.

컴퓨터 그래픽이 보여줄 수 있는 모든 한계에 다
다를 만큼 섬세한 표현에 사용된 수학은 편미분방
정식과 나비에 스토크스 방정식이다. 편미분방정식
은 여러 개의 변수로 구성된 미분 방정식으로 매우
난해한 수학이다.

$$\frac{\partial z}{\partial x}, \frac{\partial z}{\partial y}$$

편미분방정식.

여러 개의 변수로 인해 해법이 매우 다양하고 난해하지만 편미분방정식은
물, 공기, 전자, 열의 흐름, 초전도체 등 불규칙적이고 혼돈상태를 규칙적이고
안정화 상태로 만드는 방정식이라고 할 수 있다.

편미분방정식은 수많은 자연 현상부터 사회현상을 예측하는데 사용되는 고
난도 수학이다.

나비에 스토크스 방정식은
점성(유체 흐름을 방해하는 마
찰력)이 0인 완전유체부터 유
체의 소용돌이, 흐름이 불안정
한 난류 현상에 이르기까지 점
성을 가진 유체(액체와 기체)의
운동을 설명하는 방정식이다.
나비에 스토크스 방정식은 기
상학에서 대기의 움직임을 예
측하는 데도 이용된다.

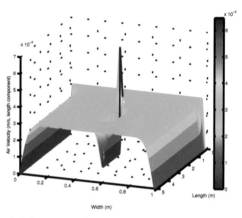

나비에 스토크스 방정식 그래프의 예

이렇듯 고차원 수학을 밑바탕으로 성장한 컴퓨터 그래픽 기술은 이제 실사
와 구분하기 어려운 가상현실과 증강현실 영역까지 접목되기 시작하면서 5G

세상을 열어가는 데 핵심적인 역할을 하고 있다.

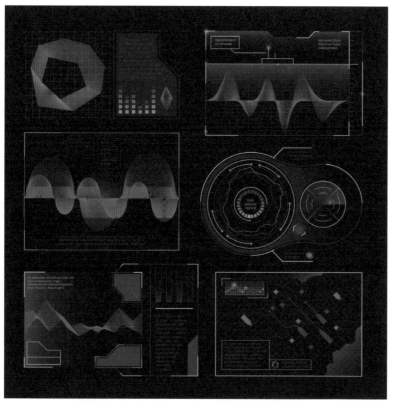

편미분방정식을 이용한 3차원 함수 그래프를 활용하고 있는 컴퓨터 그래픽 작업
단계.

인공지능 전문가

인공지능^{artificial intelligence} 전문가란 사람과 같은 지적능력을 가진 컴퓨터 프로그램을 만드는 전문가를 통칭한다.

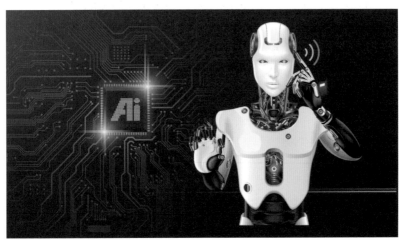

AI와 안드로이드. 로봇은 하드웨어, AI는 소프트웨어이다.

인공지능 전문가들이 하는 수많은 일 중 가장 핵심적인 것은 인공지능을 학습시키는 기술적인 소프트웨어와 영상 인식, 음성 인식, 번역, 자연어(사람의 말)를 이해하고 판단하는 소프트웨어를 개발하는 일이다.

로봇과 인공지능의 다른 점은 로봇은 하드웨어이고 인공지능은 소프트웨어라는 것이다. 쉽게 말해 컴퓨터의 몸체를 만드는 것이 하드웨어라면 컴퓨터를 운영하는 프로그램을 소프트웨어라고 생각하면 쉽다. 로봇의 몸체를 아주 자연스럽게 만들어도 로봇을 움직이려면 로봇을 작동하게 하는 프로그램이 탑재되어야 하는데 그것이 바로 인공지능이다.

인공지능 전문가는 인공지능 관련 다양한 컴퓨터 소프트웨어를 반드시 다룰 줄 알아야 한다. 컴퓨터 공학이나 정보통신공학, 전자공학, 소프트웨어학, 정보공학, 정보시스템, 데이터 프로세싱 등 관련된 전공을 하면 매우 유리하다. 컴퓨터 언어에 대한 이해가 필수적이기 때문에 각종 컴퓨터 언어나 컴퓨터 알고리즘의 기본이 되는 수학적 기반이 탄탄하면 아주 좋다.

인공지능 분야는 매우 전문적이고 세밀한 분야이다. 주로 연구실이나 관련 기업, 대학의 연구원으로 일하는 경우가 많아서 하나의 문제에 끊임없이 파고들 수 있는 인내심과 열정이 요구되는 분야이기도 하다.

이 밖에도 심리학이나 철학, 뇌 과학을 공부해두면 도움이 된다. 인공지능의 궁극적인 목적은 사람처럼 생각하고 판단하며 감성까지 가진 단계의 인공지능을 만드는 것이다. 그런 인공지능에 다가가기 위해선 인간의 심리와 윤리, 철학의 문제까지도 관심을 가져야 한다.

현재 최첨단 인공지능의 모델은 인간의 뇌 신경망 구조에서 찾고 있다. 인간의 뇌 신경망을 모델로 한 딥러닝^{deep learning} 학습방법을 이용해 만들어진

알파고는 인간의 뇌 신경망을 모델로 한 딥러닝 학습방법을 채택했다.

알파고는 인간 뇌의 기능과 작동원리에 대한 선행된 의학과 뇌 과학자들의 연구가 있었기에 탄생할 수 있었다.

따라서 인공지능 전문가들은 뇌공학적인 측면에서 뇌 과학에 관한 지식도 필요하다. 사람들은 인공지능에 대한 긍정적인 생각만큼 두려움과 불안감을 가지고 있다. 이와 같은 불안을 해소하고 인간과 서로 도우며 행복한 삶을 살아가는 인공지능을 만들기 위한 노력은 인공지능 전문가가 되기 위한 가장 기본적인 마음가짐이다.

미국과 일본, 독일, 홍콩 등에 비하면 우리나라의 인공지능 연구는 다소 늦게 출발했지만 그 성장 가능성은 매우 밝다고 볼 수 있다.

미래창조과학부는 '인공지능 분야 SW 기초연구센터'를 설립하는 방안을 마련하고 인공지능 기술연구에 15억 원을 지원했으며 2015년부터 전문 연구인력 양성계획을 수립했다. 또한 세계 최고의 인공지능기술을 선도하겠다는 목표 아래 2013년부터 한국전자 통신연구원에서 개발 중인 인공지능 엑소 브레인 프로젝트를 지원하고 있다. 이를 통해 왓슨이나 알파고처럼 우리나라를 대표하는 인공지능 계발을 위해 계획을 수립하고 차근차근 기술을 쌓아 올리고 있다.

엑소브레인 프로젝트 홈페이지: www.exobrain.kr

많은 과학자와 연구자들, 미래학자들은 인공지능이 수많은 영역의 사물들과 연결되면서 사물인터넷, 자율주행차, 로봇, 게임. 의료, 보안 등 제4차 산업을 이끌어가는 핵심 분야가 될 것으로 확신하고 있다.

우리는 이미 '오케이! 구글'이나 '헤이 카카오!', '시리!'를 불러 대화하는 것이 어색하지 않은 시대에 살고 있다. 인공지능이 우리 생활 안으로 들어온 것은 미래의 일이 아닌 현재의 일이다. 이러한 변화는 인공지능 전문가들의 영역을 무궁무진하게 확장해줄 것으로 전망된다.

인공지능에 담긴 과학 - 딥러닝, 알고리즘. 퍼지이론

인공지능은 사람과 같은 지식을 습득하는 능력, 판단력 심지어는 감성의 영역까지 지닌 컴퓨터 프로그램이라고 말할 수 있다. 아직은 우리가 생각하는 완전한 인공지능을 구현하기엔 많은 기술과 시간이 필요해 보이지만 수많은 과학자가 오랫동안 인공지능에 대한 꿈을 이루려 노력해왔다.

인공지능이라는 용어는 1956년 미국의 존 매카시가 다트머스의 한 학회에서 처음으로 사용했다. 1960~1970년대 인공지능 연구는 문제해결을 위한 수많은 가능성 탐색과 추론의 영역이었다. 이때까지는 인간이 설정해 놓은 프로그램대로 수많은 경우의 수를 계산하는 것에 불과했다. 인공지능이라기보다 슈퍼계산기에 더 가까웠다.

그런데도 1970년대 중반까지 인공지능에 관한 연구는 매우 활발하게 이루어졌다. 하지만 아쉽게도 70년대 이후부터 관심과 연구는 시들해져 버렸다. 그리고 인공지능에 대한 반감과 기술적 한계 때문에 사람들의 관심에서 멀어지게 되었다.

다시 인공지능의 연구가 관심을 받게 된 건 1980대였다. 하지만 혈액진단이나 광물탐색 등 특정 분야의 전문가들에게 필요한 전문영역의 데이터베이스를 구축, 제공하는 방식인 전문가 시스템에 머물렀다. 그리고 전문가 시스템도 곧 한계에 부딪혔다. 인공지능에게 하나의 개념을 이해시키는 데 어마어마한 데이터와 시간이 필요했기 때문이다.

일일이 사람이 특정 데이터의 개념을 전부 입력하여 설정해주지 않으면 인공지능은 호랑이와 사자를 구분하는 것조차 어려웠다. 결국 연구자들은 엄청난 양의 데이터를 입력한다는 것이 불가능하다는 것을 알게 되었고 다시 인공지능은 침체기에 접어들게 된다.

이렇게 침체기에 접어든 인공지능 연구는 2012년 ILSVRC^{Imagenet Large Scale Visual Recognition Challenge} 글로벌 이미지 인식 경진대회를 통해 부활했다. 이 대회에서 토론토 대학의 슈퍼비전팀이 경진대회 역사상 최고의 정답률인 84%로 놀라운 승리를 거두면서 인공지능의 역사에 핵폭탄을 던졌다. 바로 '딥러닝'이라는 기술이 세상에 첫선을 보인 날이었다.

딥러닝은 인공지능 스스로 학습이 가능하게 만든 기술이다. 어떻게 이게 가능한 것일까?

그것은 1990년대 이후, 놀라울 만큼 빨라진 컴퓨터의 데이터 처리 속도와 통신기술의 비약적인 발전 덕분에 만들어진 결과물이었다.

딥러닝 방식은 앞에서 언급한 전문가 시스템처럼 일일이 사람이 개념을 정의해 입력해주는 방식과는 다르게 수천 장의 데이터를 인공지능이 인식하여 스스로 사물 간의 차이를 찾아내게 하는 획기적인 방식이다. 이것은 인간의 신경망 구조에서 착안한 방법으로, 기존의 기계어 프로그램과는 달리 인공지능 학습에 새로운 시각을 가지고 접근한 방식이다. 마치 어린아이가 다양한

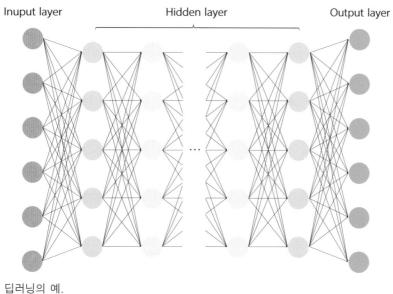

Inuput layer   Hidden layer   Output layer

딥러닝의 예.

호랑이 사진을 반복적으로 보면서 호랑이의 특징을 인식하고 호랑이와 사자를 구분할 수 있게 되는 원리와 유사하다.

딥러닝은 인공지능 스스로가 판단하고 학습한다는 점에서 인간이 궁극적으로 구현하고자 하는 인공지능에 한 발 더 다가선 기술이다. 딥러닝 기술은 침체하여 있던 인공지능 연구에 새로운 물꼬를 텄으며 연구 속도를 끌어올리는 촉매제가 되었다. 그리고 딥러닝이 세상에 나온 지 4년만인 2016년, 딥러닝을 접목하여 훈련받은 인공지능 알파고는 한국의 바둑기사 이세돌과의 승부에서 4대 1로 승리를 거두면서 전 세계를 큰 충격에 빠뜨렸다.

이 사건은 인공지능이 인류에게 상상 이상의 편리한 세상을 선물해줄 것이라는 기대감과 모든 것을 인공지능에 지배당하게 될지도 모른다는 두려움의 이중적 감정을 안겨준 일이었다.

인공지능 시스템은 수많은 데이터 중에서 경우의 수를 하나씩 없애는 방식으로 하나의 결론을 도출하는 확률에서 시작했다. 이러한 과정은 변수가 아주 많은 함수로 만들 수 있으며 여기에 사용되는 수학은 함수의 극대, 극소값을 구하는 미분이다. 이런 수학적 기반 위에서 인공지능 프로그램은 발전했다.

인공지능이 문제를 해결해가는 방법을 알기 위해서는 알고리즘에 대한 이해가 있어야 한다. 알고리즘은 컴퓨터가 데이터를 처리하기 위한 절차와 순서, 방법, 명령어 등 일련의 과정을 말한다. 쉽게 말하자면, 샌드위치를 만들 때, 샌드위치를 만드는 순서가 적힌 조리법이 일종의 알고리즘에 해당한다.

그러나 컴퓨터는 사람의 언어로 된 샌드위치 조리법을 읽고 샌드위치를 만들 수는 없다. 여기에서는 컴퓨터가 이해할 수 있는 컴퓨터 언어(기계어)를 사용하여 알고리즘을 표현해 주어야 한다. 이 과정에서 사용되는 알고리즘 표현

읽고 선택

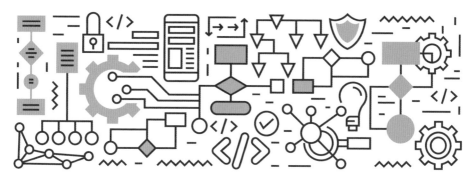

인공지능에 이용되는 알고리즘의 이미지 예.

방법에는 순서도, 가상 코드, 프로그래밍 언어 등 다양한 기법들이 사용된다.

인공지능에 사용되는 알고리즘은 하나가 아니며 특히, 알파고와 같은 엄청난 양의 데이터를 분류하고 예측하는 딥러닝 학습법에 사용된 알고리즘은 훨씬 더 복잡하고 정교하다.

인공지능이 우리 생활 속에서 분석하고 결론을 내야 하는 문제들은 명확하게 가르기 힘든 일들의 연속이다. 인간의 생활을 인공지능이 인식하기 위해서는 좀 더 복잡하고 다양한 기준을 이해해야 한다. 오로지 0과 1만을 인식할 수 있는 인공지능은 인간다운 삶에 가까워질 수 없다. 세상은 0 아니면 1로 딱 잘라 말할 수 없는 일이 무수히 많기 때문이다.

예를 들어 우리 동네 치킨집 수가 10개보다 많으면 빨간색 표시, 10개보다 적으면 파란색 표시라는 명령을 받은 인공지능은 너무나 쉽게 파란색과 빨간색을 판단하여 표시할 수 있을 것이다. 하지만 친구 중에 제일 예쁜 친구에게 꽃을 보내주라는 문제에는 답을 찾을 수 없을 것이다. 예쁘다는 기준도 모호

빨간색인지 초록색인지 판단이 가능하다

붉은 꽃과 푸른 꽃 중 어느 것이 더 아름다운지
는 사람에 따라 다르다. 따라서 보편적 판단이
가능하지 않다.

할 뿐만 아니라 미모는 0과 1의 아니오와 그렇다로만 표현할 수 없는 수많은
기준이 있기 때문이다.

그런데 이렇게 분석하기 모호한 상황들을 판단하고 분석하여 결론을 도출
해내는데 유용한 수학 이론이 있다. 바로 퍼지이론이다.

퍼지이론은 모호한 문제의 결론 도출 과정에 있어 이진법 논리가 아닌 각

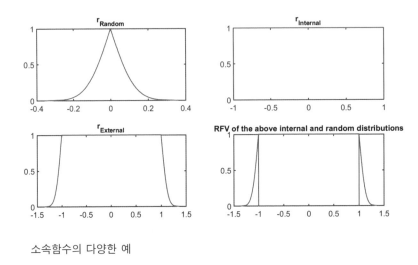

소속함수의 다양한 예

대상이 그 모임에 속하는 정도를 나타내는 소속함수$^{membership\ function}$로 표현하여 수학적으로 접근한 이론이다.

퍼지이론은 지하철의 교통통제 시스템과 가로등 점멸기, 세탁기의 세제량 조절, 카메라의 자동초점, 전기밥솥의 온도 유지 등 다양한 분야에 실제 적용되어 우리의 생활을 편리하게 해주고 있다. 또한 인공지능 프로그램에 응용함으로써 인공지능 시스템이 좀 더 인간에 가까운 판단을 하고 변수가 많아 아주 복잡한 문제에 다각적인 결론을 도출해 낼 가능성을 열어주었다.

퍼지이론이 적용된 제품들.

자율주행 자동차 전문가

자율주행차 $^{self-driving\ car}$ 는 주변 환경을 인지, 판단하여 스스로 동작을 제어하는 자동차를 뜻하며 자율주행 자동차 전문가는 자율주행차가 스스로 인지, 판단, 제어 할 수 있는 기술을 연구 개발하는 전문가를 통칭한다. 자율주행차가 주변 환경을 인지하는 데는 GPS와 디지털 지도, 카메라센서, 레이더기술 등이 이용된다. 인지된 주변환경을 분석하는 데에는 인공지능과 빅데이터가, 자동제어에는 로봇 기술과 소프트웨어 프로그래밍 등이 이용된다.

자율주행 자동차는 전자, 전기, 통신, 물리학, 화학, 컴퓨터 공학 등 현대 과학 기술의 집대성으로 만들어낸 결과물이다. 그래서 자율주행 자동차는 인지, 분석. 자동제어 분야에 전문가들의 협력이 있어야만 만들어질 수 있다.

대부분 관련 전문기업이나 정부기관, 대학의 연구소 등에서 일하는 자율주행 자동차 전문가는 전기공학, 전자공학, 기계공학, 자동차 공학, 로봇공학,

자율주행의 시대를 위해 구글을 비롯해 테슬라 등 많은 기업체들이 연구 중이다.

컴퓨터 공학, 인공지능, 빅데이터, 레이더, 센서 등 관련 분야를 전공하고 대학원 수준 이상의 전문지식을 갖추고 있어야 한다. 또한 자율주행차와 융합할 수 있는 메카트로닉스학(기계와 전자기술을 융합한 학문), 소프트 융합학, 휴먼ICT 융합학과 같은 다양한 융합학문을 심도 깊게 공부하면 유리하다.

제4차 산업시대는 융합의 시대다. 융합은 단순히 기술과 기술의 만남만을 이야기하지 않는다. 기술과 문화, 기술과 심리, 기술과 감정 등 인간의 삶을 이루는 모든 유·무형 인자들의 융합이다. 현대 사람들에게 자동차는 단순한 기계 이상의 의미를 가진다. 지금처럼 인간의 생활속에 자동차가 차지하는 비중이 많은 시대는 더욱 그렇다. 이제 자동차를 이해하는 것은 인간의 삶을 이해하는 것과 같다. 그래서 자율주행 자동차 전문가들에게는 인간의 감성, 심리, 문화, 트랜드 등을 읽어낼 줄 아는 인문학적 소양도 중요하다.

자율주행 자동차는 다양한 영역의 전문가가 모여 일을 하는 만큼 협업을 통해 만나는 사람들과 원활한 의견 조율을 위한 소통도 매우 중요하다. 또한 사람의 생명과 직결되어 있기 때문에 자율주행차의 실효성에 대해 의심하는 사람들이 가장 두려워하는 부분은 자율주행차의 안전성이다. 자율주행차의 안전은 기술 개발에 있어 매우 신중하게 다루어져야 할 영역이며 책임감이 많이 요구되는 분야이기도 하다.

자율주행 자동차 기술은 미국과 유럽이 주도하고 있다. 현재 자율주행 자동차의 선두에 서 있는 기업은 구글이다. 구글은 2009년부터 자율주행차를 꾸준히 발전시켜 왔으며 2016년에는 자회사 웨이모를 설립하고 본격적인 자율주행차 연구를 시작했다.

웨이모는 현재 자율주행차로는 최고의 기술을 확보하고 있으며 2017년도에는 완전자율주행 택시를 시범 운전하기도 했다. 아직은 자율 주행차 레벨 3단계에 해당하는 제한적인 도로에서 시범 운행 중이지만 구글의 목표는 완전자율주행차를 만드는 것이다.

세계 자율주행차의 성지로 불리는 캘리포니아 주에서는 2017년 10월, 자율주행차의 일반도로 테스트 허용 법안을 발의하고 2018년 LA도로에서 자율주행차의 시험운행을 허용했다.

이 밖에도 미국의 미시건, 애리조나, 네바다, 플로리다, 펜실베니아, 텍사스 등에서 자율주행차 도로테스트를 허용하고 적극적인 관심을 보이고 있는 중이다. 미 하원 또한 2017년 9월 '자율주행법안'을 통과시켰으며 이 법안이 통과됨에 따라 향후 3년간 10만대까지 자율주행차의 일반도로 테스트 운행이 가능하게 됐다.

자율주행차의 성공은 수많은 교통변수를 예측할 수 있는 주행 데이터를 얼마나 확보하느냐의 싸움이다. 이러한 시험테스트 장소의 증가는 다양한 도로 상태에서 발생할 수 있는 주행 데이터를 확보할 수 있어 기술 개발이 더 빨라질 것으로 전망된다.

영국과 일본도 자율주행차의 주행이 가능하도록 법을 개선하고 있다고 한다. 우리나라는 2013년 전남 영암에서 개최된 정부 주도의 '무인 자율주행 자동차 경진대회'를 시작으로 자율 주행차에 대한 관심이 증가하고 있다. 2016년 자율주행차의 일부 도로주행을 조건부로 허가하는 '자동차 관리법 개정안'을 발의하여 시행함으로써 자율주행차의 법적인 규제완화를 위한 다양한 시도를 준비 중이다. 정부는 2018년 '6대 혁신성장 선도사업 규제혁신 추진방안'을 확정하고 2020년까지 시판을 목표로 자율주행차를 육성하겠다는 계획을 세웠다.

우리나라 자율주행차의 본격적인 개발은 해외에 비해 5년 정도 늦게 시작되었지만 90년대 후반부터 국책 교통연구기관과 대학을 중심으로 연구가 진행되어 결코 느린 것은 아니다. 2000년대 초반에는 자율주행 기술이 성공했으며 2010년대부터 현대자동차를 중심으로 자율주행차 연구가 활발히 이루어지면서 일부 상용차에 탑재되기 시작했다. 이제 우리나라도 자율주행차의 가능성을 인식하고 점점 규제 완화의 움직임을 보이고 있으며 세계 시장에 뒤지지 않는 자율주행차 기술 개발을 위해 노력하고 있다.

선진국을 중심으로 법률을 완화시키고 자율주행차의 주행이 가능한 환경을 만들기 위한 적극적인 투자와 연구가 진행되면서 자율주행차에 거는 기대는 갈수록 높아져 가고 있다. 또한 자율주행 기술을 선도하는 국가와 기업이

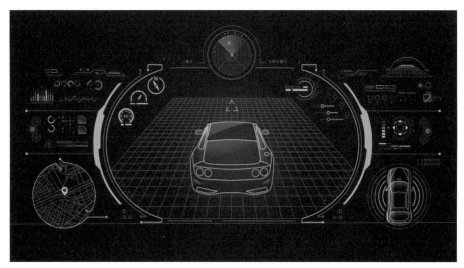
자율주행차 연구는 미국, 영국, 일본 등에서 활발하게 진행되고 있으며 그 선두에는 구글의 웨이모가
자리잡고 있다.

되기 위해 열심히 경쟁 중에 있다. 한편으로는 자율주행차 사고 시 발생할 수
있는 책임 소재와 보험, 크래킹 사고 예방 등 자율주행차가 안고 있는 어두운
문제를 어떻게 해결해 나갈지에 대한 고민도 앞으로 우리가 풀어야 할 숙제
이다.

자율주행차에 담긴 과학

2007년 개봉된 영화 〈트랜스포머〉에서는 사람처럼 말하고 스스로 판단하
는 변신 자동차 로봇이 등장한다. 정말 영화 속 주인공인 변신 자동차들처럼
스스로 판단하여 완벽하게 주행이 가능한 차가 있다면 어떨까?

자율주행차를 스스로 움직이게 하는 시스템은 크게 3가지 기술이 필요하다.

먼저 주변 환경을 인지하는 기술, 인지 정보를 판단하는 기술, 판단된 정보를 기초로 자율주행차 스스로 수많은 장치를 제어할 수 있는 제어기술이다.

이 3가지 기술 안에는 완성차, 인공지능, 빅데이터, 사물인터넷 등 수많은 세부기술이 들어가 있으며 또한 소프트웨어 프로그래머, 센서 개발자, GPS, 인공지능 전문가, 레이더 엔지니어, 로봇공학자 등 다양한 분야의 전문가와 엔지니어가 협업하고 있다.

자율주행차는 4차 산업의 핵심 기술들이 모두 집약되어 있는 분야로서 '4차 산업의 집약체'라고 부를 수 있는 영역이다. 그렇다면 현재 자율주행차 기술은 어디까지 발전했을까?

자율주행 자동차의 기술단계를 가늠할 수 있는 척도는 미국도로교통안전국^{NHTSA}과 미국 자동차공학회^{SAE}에서 제시하고 있는 2가지 기준이 있다.

미국도로교통안전국은 자동차의 자율주행 가능 수준에 따라 총 5단계로 구분하였고 자동차공학회는 총 6단계로 구분하고 있다. 아직은 통합된 기준이 마련된 상태가 아니지만 의미하고 있는 기술적 내용은 거의 똑같다.

하지만 자율주행차의 의미를 인간의 개입 가능성이 있는 상태(도로교통안전국^{NHTSA})까지 볼 것인지, 인간의 개입이 완전히 배제된 무인자동차(자동차공학회^{SAE})까지 볼 것인지에 대한 관점의 차이가 있다.

미국도로교통안전국 기준으로 자율주행 레벨은 총 5단계이다.

Level 0은 자율 주행 기능이 전혀 없는 일반 자동차를 의미한다.

Level 1은 한 가지 자동 제어기능만 적용되어 있는 단계로 운전의 모든 컨트롤은 운전자가 하며 자동차는 보조적인 역할만 하는 단계다. 이 단계의 기능들은 이미 상용화되어 있는 것이 많다. 정속주행장치(ACC), 차선 이탈 시경보음, 자동 브레이크 장치 등이 있다.

Level 2는 1단계에 해당하는 자동화 기능들이 두세 가지가 복합적으로 적용되어 있는 단계로 1단계의 정속주행기능advanced smart cruise control, ASCC에 앞차가 브레이크를 밟으면 자동으로 속도를 줄였다가 다시 앞 차와의 간격이 벌어지면 속도를 내는 복합적인 자동 제어가 가능한 단계다. 여전히 2단계까지 운전 컨트롤은 사람이 하며 자동차는 보조적인 역할을 할 뿐이다. 이 단계에 해당하는 상용차는 테슬라의 '오토파일럿 시스템'이 있다.

Level 3은 제한적 자율주행 단계로 운전 컨트롤의 대부분이 자동차가 하는 상태다. 자동차 스스로 도로 상황을 인지하고 판단하여 자율운행을 하는 단계로 사람은 이제 자동차에게 운전을 맡기고 편안히 잠들거나 드라마를 볼 수도 있다. 하지만 여전히 모든 것을 자동차에게 맡길 수 있는 단계는 아니다. Level 3은 허가된 특정도로에서만 자율주행이 가능하며 긴급상황이나 돌발상황 혹은 자동차가 대처할 수 없는 상황에서는 경보음을 통해 운전자가 개입해야 한다. 현재 자율주행차를 선도하고 있는 구글이 3단계까지 다다른 것으로 알려져 있다.

Level 4는 주변 환경을 인지하고 스스로 판단하며 자동차의 모든 기능을 자동차 스스로가 자동제어하는 완전 자율주행 단계다. Level 4는 사람의 개입이 전혀 필요하지 않는 인류가 꿈꾸는 완전한 자율주행 자동차다.

여기까지는 미국도로교통안전국이 기준으로 삼는 자율주행의 단계다. 도로교통안전국의 Level 4는 운전자가 조작가능한 시스템이 장착된 상태에서 자율주행이다. 하지만 미국자동차공학회는 Level 4를 둘로 나누어 Level 5를 제시하고 있다.

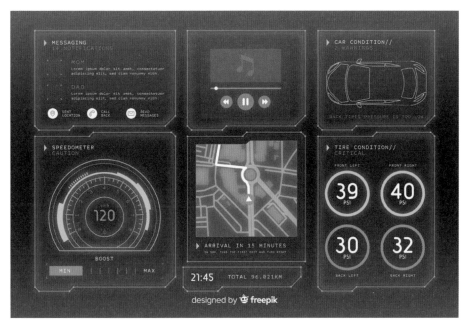

Level 5 단계의 자율주행차를 성공시키기 위한 기업과 국가 간의 경쟁이 치열하다.

Level 5는 인간이 개입할 수 있는 핸들이나 조작가능한 시스템이 장착되지 않은 상태의 무인자동차 개념이다. Level 5에서는 인간은 더 이상 운전자가 아닌 탑승객의 개념이다.

그렇다면 자율주행차는 어떻게 주변환경을 인지할 수 있을까?

여기에는 첨단 센싱 기술인 라이다$^{\text{Light Detection And Ranging, LiDAR}}$가 사용된다. 라이다는 레이저로 주변 물체를 감지해 지도를 제작하는 센서다. 레이저 빛을 이용해 물체에서 반사되어 온 시간(ToF 방식)을 측정하거나 레이저 신호의 위상변화량를 감지하는(PS 방식) 방식으로 자율주행차와 주변 물체 간의 거리를 측정한다.

라이다^{LiDAR}는 1960년대 레이저의 발전과 함께 성장하며 연구 발전했다. 1970년대 이후 기상관측, 거리측정, 우주탐사. 항공 정밀지도, 탐사로봇 등 다양한 분야에 활용되고 있다. 현재는 자율주행차의 핵심 기술로 응용되며 매우 큰 관심을 받고 있는 분야다.

이밖에도 자율주행차에 탑재되어 있는 주행환경 인지장치로는 레이더^{Radar}, 카메라, 레이저 스캐닝, 초음파 센서 등이 사용된다. 초음파 센서는 비용이 저렴한 장점이 있으며 인지거리가 짧아 가깝고 짧은 거리에 있는 사물을 인지할 때 유용하게 쓰인다. 하지만 날씨에 민감한 단점이 있다.

카메라는 비용이 적게 들며 유일하게 인간의 눈처럼 사물을 인지할 수 있고 색깔을 구별할 수 있다는 장점이 있다. 하지만 카메라 역시 날씨에 민감하며

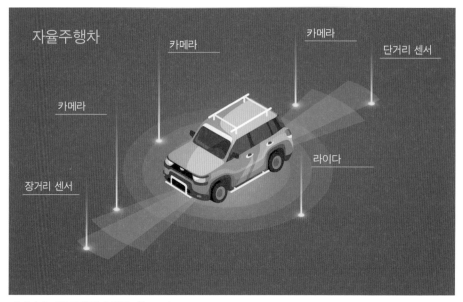

라이다가 자율주행차에 활용되는 모습.

빛이나 각도에 의해 식별이 불가능할 경우, 기술적 처리를 해야 하는 번거로움이 있다.

라이다와 가장 기술적으로 유사한 장치로 레이더가 있다. 레이더는 전자기파 중의 하나인 라디오파를 이용하여 물체와의 거리를 감지할 수 있는 센서로, 단거리 감지에 취약한 라이다에 비해 탐지거리가 1m에서 수천km로 파장의 영역이 넓고 길다. 날씨 상황에도 큰 영향을 받지 않는 편이다. 하지만 해상도가 낮으며 공간 분해능이 라이다에 비해 현저히 떨어져 거리가 멀리 떨어진 물체일수록 물체를 섬세하게 분석하기 힘들다.

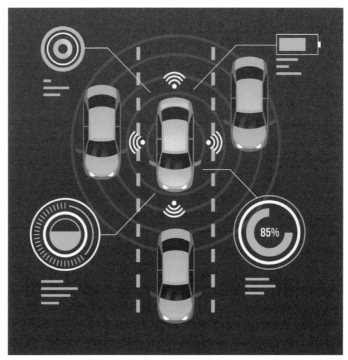

레이더는 다른 자동차와의 거리 감지가 가능하다.

자율주행차의 레이더는 물체의 거리를 인식할 뿐 물체의 자세한 모양이나 형체를 파악하기가 어려워 카메라와 함께 사용된다. 이에 비해 빛을 이용하는 라이다의 고성능 적외선 공간 분해능은 0.1° 단위까지 나눌 수 있어 특별한 처리 없이 물체들을 3D로 묘사할 수 있다는 장점이 있다. 공간 분해능은 디지털 이미지가 얼마나 선명하고 세밀하게 표현되는지를 나타내는 것으로 모니터의 해상도를 떠올리면 쉽게 이해할 수 있다.

라이다의 단점은 매우 고가라는 데 있다.

라이다를 탑재하여 주변인지 센서로 사용하는 회사는 구글이 대표적이다. 구글은 라이다의 자체 개발을 통해 비용을 기존의 $\frac{1}{3}$로 낮추며 개발에 힘쓰고 있다. 우리나라에서도 저가 라이다를 위한 기술 개발을 추진하면서 자율주행차의 꿈을 실현시켜나가고 있다.

구글은 오래 전부터 거리뷰를 직접 촬영하고 거리 상황을 수집하는 등 빅데이터를 활용해 직접 자율주행자동차를 시럼하면서 새로운 세상을 꿈꾸고 있다.

블록체인 개발자

블록체인 개발자는 블록체인 기술을 다양한 영역에 구현할 수 있도록 프로그램 개발, 운영, 관리하는 전문가를 통칭한다. 블록체인 개발자가 하는 일은 매우 다양하지만 간단하게 요약하면 다음과 같다.

첫 번째로는 컴퓨터 프로그래밍 언어를 통해 블록체인 프로그램을 개발하고 적용가능한 블록체인 분야가 무엇인지 연구한다.

두 번째로는 블록체인 기술에 대한 아이디어를 내고 실제로 구현할 수 있는 앱이나 플랫폼을 만든다.

세 번째로는 블록체인 기술을 이용하여 구축된 플랫폼이나 서

버를 관리한다.

블록체인 기술은 개념조차 생소한 새로운 방식의 시스템이다. 블록체인 개발자가 되기 위해선 컴퓨터 프로그래밍 언어를 익숙하게 다루어야 한다. 블록체인 저장 기술도 컴퓨터 프로그램 중 하나이기 때문이다. 우리가 미국인과 대화하기 위해서는 영어를 공부해야 하는 것처럼 컴퓨터와 대화하려면 컴퓨터 언어를 익혀야만 한다. 세상에는 수많은 나라의 다양한 언어가 있듯이 컴퓨터 프로그래밍 언어도 어디에 적용되느냐에 따라 달라진다. 비트코인의 소스 언어인 C^{++} 언어를 공부하거나 블록체인 기반 어플인 DAPP[Decentralized Application]를 이해하기 위해서는 이더리움의 Solidity라는 프로그램 언어를 공부해야 한다.

꼭 블록체인 기술에 해당하는 언어만 공부해야 하는 것은 아니다. 우리가 3개 국어 4개 국어를 하면 훨씬 더 유리하듯 C언어, JAVA, BASIC, 자바스크립트, 파이썬, $C^{\#}$, ,PHP 등 다양한 컴퓨터 프로그래밍 언어를 익혀두면 좋다. 프로그래머가 되기 위해선 컴퓨터 공학, 소프트웨어 공학, 게임개발, 정보처리 등을 전공하면 유리하다.

하지만 컴퓨터 프로그램을 꼭 대학에서만 공부해야 하는 것은 아니다. 독학으로 공부한 사람도 많고 관련 사설 전문 교육기관에서 실력을 쌓는 사람도 있다.

프로그래밍 언어는 우리가 언어를 공부하는 것과 유사하다. 끊임없는 관심과 인내력을 가지고 꾸준하게 연습해야 하는 일이다.

모든 과학 기술은 기술 자체가 목적이 아니다. 그 기술을 어디에 어떻게 이용할 것인가에 대한 문제는 결국 인간의 사회를 이해할 수 있어야 답을 낼 수 있다. 그래서 우리 삶 전반에 걸쳐 적용이 될 블록체인의 개발자에게는 인문학적 소양도 중요한 자산이 될 수 있다.

세계경제포럼에서는 '2027년이면 전 세계 총생산의 10%가 블록체인 기술로 저장될 것'이라고 예상했다. 블록체인 기술은 크래킹과 위, 변조가 불가능한 기술이다. 크래킹과 위, 변조가 불가능하다는 장점은 데이터의 보안성과 공정성, 투명성이 중요한 분야에 이용될 가능성을 높인다. 무역, 환자의 의료기록, 차량 등록 업무, 부동산 거래, 공증, 음반 저작권, 각종 관공서의 증명서 발급, 토지대장 등이 그것이다.

블록체인 기술은 기존의 중앙집권적 데이터 저장방식의 개념을 완전히 뒤집은 새로운 개념이다. 새로운 시스템에 대한 관심과 기대를 한 몸에 받고 있는 만큼 기업과 대중에게 얼마만큼 유용하게 쓰일 수 있는 기술인가에 대한 의심도 여전히 계속되고 있다.

뿐만 아니라 블록체인 기술은 아직 성장 단계이며 대중과 기업이 기술에 대한 정확한 이해가 충분하지 않고 세계적인 표준 또한 마련되어 있지 않은 상태이다.

그럼에도 불구하고 블록 체인기술의 핵심은 기존의 중앙집권적이며 소수의 기관이나 조직에 의해서만 다루어져 왔던 정보가 모든 사람들과 함께 공유되고 활용할 수 있는 길을 열었다는 점이다. 그것이 세상을 어떻게 바꿔 놓게 될지 아직은 잘 모른다. 하지만 블록체인 기술은 단순한 데이터 저장방식의 기술적인 변화를 뛰어넘어 사회, 경제, 정치, 문화, 예술 등 다양한 분야에 큰 인식의 변화를 몰고 올 수 있다는 관점에서 매우 주목할 만한 기술로 전망된다.

블록체인이 여는 세상은 우리가 상상하는 그 이상일 수도 있다.

블록체인에 담긴 과학

블록체인 시스템을 간단하게 요약하자면 데이터를 분산하여 저장하는 기술이다. 컴퓨터 프로그래밍 언어와 프로세스에 대한 충분한 사전지식이 있다면 블록체인을 이해하는 데 별 어려움이 없을 것이다. 여기에서는 블록체인 기술의 이해를 돕는 개괄적인 설명과 이 기술이 제4차 산업시대에 어떤 변화를 몰고 올 것인지를 비트코인에 적용된 블록체인 기술을 중심으로 가볍게 설명하고자 한다.

블록체인 기술의 최고의 장점은 위·변조와 크래킹이 불가능하다는 것이다. 이것이 가능한 이유는 데이터 분산저장이라는 새로운 아이디어로 정보관리에 접근했기 때문이다.

데이터 분산저장 기술은 기존의 중앙서버저장방식과 완전히 대비되는 시스템이다. 블록체인 시스템은 적정시간 단위로 저장되는 데이터 기록을 복사한 후, 모든 사용자의 서버에 전송하여 분산 관리하는 구조다. 그 복사본 장부를 블록이라고 하고 그 블록이 사용자들에게 개인 간 거래P2P 방식으로 체인처럼 연결되어 있다고 해서 블록체인이라는 이름이 붙었다.

예를 하나 들어보자. 어느 마을에 6명의 농부가 살았다. 이들은 매일 마을에서 농산물 거래를 한 다음 동일한 시간에 동일한 광장에 모여 장부에 기록하기로 계약했다. 전날 있었던 거래를 꼼꼼히 기록한 뒤 6명이 거래장부를 복사

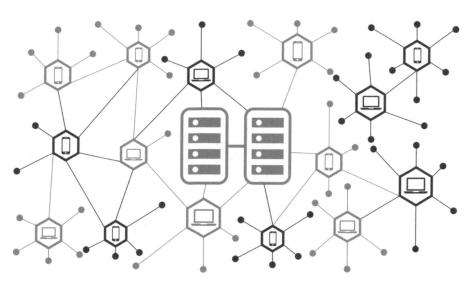

블록체인은 기존의 중앙서버 저장방식 대신 데이터 분산 저장 기술을 통해 소수가 관리하던 정보를 모두가 공유하고 활용할 수 있도록 바꾸어 놓았다.

하여 나누어 가진다. 매일 그들은 같은 시간 같은 장소에서 기존의 복사본 장부를 대조해 위조가 없음을 확인한 다음, 전날 있었던 거래를 추가하여 새로운 장부를 만든 뒤 다시 복사하여 6명이 나누어 가지는 것이다.

그러던 어느 날 농부 중 한 사람이 그만 장부를 도둑맞는다. 자신이 받아야 할 돈에 대한 증거가 사라져버린 것이다. 장부를 분실한 농부는 이제 어떻게 될까?

그는 다음날 아침, 마을 광장에 모인 농부 5명의 장부 속에서 자신의 거래에 대한 기록을 확인한 후 무사히 돈을 받을 수 있었다. 5명의 농부들 또한 거래장부를 도둑맞은 농부를 의심하거나 지급될 돈의 액수에 대해서 따지지 않았다. 왜냐하면 5명의 농부들은 매일 아침 6명이 같은 시간에 같은 광장에 모여 지금까지 마을에서 벌어졌던 모든 거래기록을 함께 확인하고 복사하여 분산 저장해왔다는 것을 알기 때문이다. 각각 저장해왔던 거래 장부 복사본 자체가 곧 신용의 증거였다.

이 이야기는 어디까지나 블록체인을 쉽게 설명하고자 하는 작은 예일 뿐이다. 여기에서 6명의 농부는 저장 데이터를 가진 노드^{NODE}라고 한다. 6명의 농부가 지금까지의 거래내역이 적힌 복사본 장부를 서로 확인하고 위조 여부를 검증하는 단계를 작업 증명$^{Proof\ of\ Work:\ PoW}$이라고 한다. 작업 증명이 이루어져야 전에 있어왔던

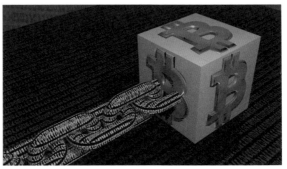

작업 증명이란 전에 존재하던 블록에 새 거래내역 블록이 연결되었음을 증명하는 것이다.

거래장부 블록에 새로운 거래내역이 체인처럼 연결되어 또 하나의 블록이 형성될 수 있다. 전에 존재하는 블록과 새로운 블록의 작업증명 과정에서는 복잡한 함수식이 이용된다.

하나의 블록은 6개의 노드로 이루어져 있다. 장부를 도둑맞은 농부는 크래킹cracking을 당하거나 데이터의 위, 변조를 의미한다. 만약 데이터의 위변조나 크래킹으로 하나의 노드값이 기존 블록의 5개의 노드와 일치하지 않게 되면 그 데이터는 파기 된다. 그렇기 때문에 위·변조가 어렵다. 누군가 데이터 위, 변조를 하고자 한다면 자신의 블록과 연결되어 있는 수천 개에서 수백만 개의 블록을 전부 위조해야 한다.
이것은 불가능하다. 그래서 블록체인 기술은 사용자가 많을수록 유리해진다. 만약 누군가 전체 시스템의 상당량의 블록을 크래킹해서 위, 변조를 했다고 해도 금방 탄로나게 될 것이다.

블록체인 시스템은 분산장부를 대조했을 때 49대 51로 50%가 넘는 데이터를 채택하고 49%에 해당하는 데이터는 파기하게 되어 있다. 전체데이터의 50%를 크래

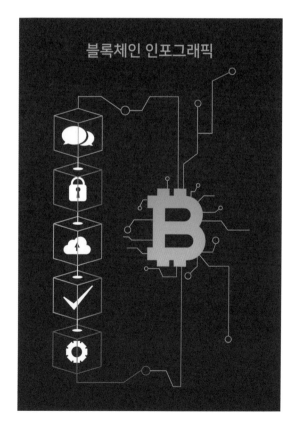

블록체인 인포그래픽

블록체인의 사용 흐름 예.

킹한다는 것은 이론적으로는 수십 년에서 수백 년이 걸리며 엄청난 돈과 시간이 소요되는 가장 비효율적인 작업이다. 따라서 블록체인 시스템의 크래킹을 위해 자신의 시간과 돈을 무한대로 소비할 무모한 크래커^{cracker}는 없길 바란다.

오랫동안 데이터를 연구하는 프로그래머들은 크래킹의 위험과 위, 변조를 할 수 없는 데이터 저장기술에 대한 연구를 해왔다. 효율적이고 편리한 중앙서버 시스템이 끊임없는 크래킹과 위, 변조에 노출되고 중앙서버를 독점함으로서 모든 데이터를 가진 기관이나 조직이 막강한 권력을 가지게 되는 것들을 우려하는 목소리가 있어 왔기 때문이다. 그러한 대안으로 제시된 기술 중 하나가 바로 블록체인 기술이었다.

블록체인 기술은 중앙서버 장치가 없기 때문에 실제로 크래킹을 당할 염려나 위, 변조를 할 수 없다. 또한 사용자 모두가 P2P 방식(개인대 개인의 직거래)으로 거래가 이루어지며 모든 장부가 공개되어 분산 저장되기 때문에 어느 한 기관이나 조직에게 권력이 집중되거나 거래 중에 발생할 수 있는 다양한 수수료 등 관리비용을 물지 않아도 된다.

블록체인 기술을 처음 창안한 사람은 2009년 사토시 나카모토다. 사실 사토시 나카모토가 어떤 사람인지 아직도 알려진 게 없어서 많은 사람들이 그 정체를 궁금해하고 있다.

사토시 나카모토가 처음 P2P 재단 웹사이트에 블록체인 기술에 대한 논문을 올렸을 때만 해도 블록체인 기술은 이론에 불과했다.

사토시 나카모토는 블록체인 기술이 우리 생활에 어떻게 적용될 수 있으며 실제로 크래킹과 위, 변조가 불가능한지를 증명하고자 했다. 그래서 탄생한 것이 비트코인이다.

비트코인은 블록체인 기술을 금융에 적용한 첫 번째 사례다.

비트코인은 수많은 사람들의 관심과 논란의 대상이 되며 전 세계로 확산되었고 엄청난 돌풍을 일으켰다. 일반대중은 비트코인을 새로운 금융투자로 받아들여 과열경쟁을 일으키기도 했다. 하지만 비트코인의 진정한 의미는

비트코인 암호화폐.

기술적 배경이 되었던 블록체인 기술의 상용화를 증명했다는 것이다.

다수의 사람들과 프로그램 개발자들은 블록체인 기술에 상당한 관심을 가지고 있다. 비트코인을 통해 블록체인 기술의 가능성을 예견할 수 있었기 때문이다.

블록체인 기술의 또 다른 의미는 데이터의 중앙집권식 저장 기술에서 벗어나 사용자 모두가 정보를 공유하고 이용할 수 있는 탈중앙화에 기여했다는 것이다. 데이터의 탈중앙화는 보다 나은 공정성과 투명성을 확보할 수 있으며 사회적으로는 권력의 집중을 막을 수 있다는 데 큰 의미가 있다.

현재 블록체인 기술은 트레이드렌즈(배 위치 추적), 월마트의 식품 추적 서비스^{IBM}, 푸드 트러스트(식품안전망 추적 시스템) 등에 이용되면서 새로운 물류

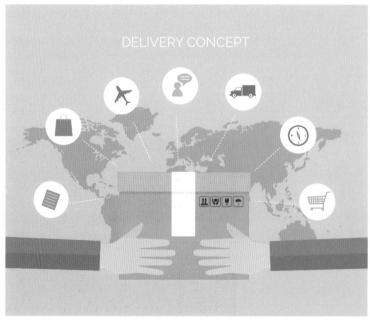

블록체인 기술이 발전하는 만큼 수많은 분야에서 공정성과 투명성 확보가 가능해질 것이다.

시스템의 변화를 주도하고 있다. 이러한 변화는 물류 시스템을 넘어 금융, 보안, 의료, 회계 등 수많은 분야로 확장되면서 4차 산업시대를 선도해 갈 것으로 전망된다.

핵융합 전문가

핵융합 전문가는 핵융합 반응을 이끌어내기 위한 목적으로 제작된 핵융합로를 통해 에너지를 얻는 방법을 연구하는 전문가를 말한다.

핵융합 전문가는 핵융합 반응에 최적화된 핵융합로를 설계하고 제작하는 데 이론적, 기술적인 참여와 연구 중 발생하는 수많은 데이터를 분석하고 결과를 도출해내는 일을 한다. 또한 핵융합로 실험을 통해 발생한 오류를 개선하고 해결할 수 있는 다양한 방법을 찾아내는 것도 핵융합 전문가의 중요한 일이다. 대부분 관련 연구소나 기관, 대학에서 연구직으로 일하며 물리학, 전자, 전기공학 등을 전공하고 핵융합에 대한 대학원 이상의 전문지식이 있어야 한다.

핵융합 실험에 있어 데이터를 수집하고 분석하는 일은 참을성 있는 인내력과 긴 기다림이 필요한 과정이다. 또한 핵융합이라는 과정은 특별히 뛰어난

연구자 한 명의 능력으로 성공하기 어려운 영역이다. 핵융합로를 만들기 위해서는 관련 기술자, 과학자, 연구진들 간의 기술적, 이론적 협업뿐만 아니라 선행된 수많은 연구 데이터와 정보 교류가 있어야 하며 정부와 관계 당국의 실현 의지도 강력해야 한다. 핵융합로를 만드는 일은 개인과 기업, 정부가 모두 힘을 합쳐야 성공할 수 있는 국가적 차원의 방대한 프로젝트인 것이다.

우리나라는 국가핵융합 연구소를 중심으로 수많은 기업과 정부 기관의 협력 아래 세계 핵융합 발전 분야에 선도적인 기술을 보유한 국가로 부상하고 있다. 이런 성과들은 핵융합 연구가 미래에너지로 상용화될 수 있다는 기대와 관심을 이끌어내는 데 중요한 역할을 했으며 전문 인력 양성 추진에도 힘을 실어주었다.

핵융합에 담긴 과학

오랜 세월, 태양은 지구 생명의 근원이며 무한한 에너지원이었다. 인류가 태양에너지를 이용할 수만 있다면 수천 년 이상 에너지 걱정은 하지 않아도 될 것이다. 핵융합 반응은 수소가 헬륨으로 융합되는 과정에서 발생한다. 핵융합 반응에 사용되는 수소는

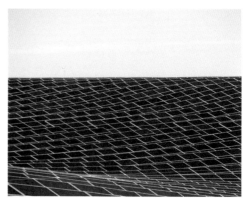

태양에너지는 마르지 않는 반영구적 샘물과 같다.

수소의 동위원소인 중수소와 삼중수소이다.

동위원소란, 원자핵 내의 양성자 수가 같고 중성자 수만 다른 원소를 말한다. 중수소는 수소원자핵 안에 양성자 1개와 중성자 1개를 가지는 수소의 동위원소중 하나다. 삼중수소 또한 양성자 1개와 중성자 2개를 가지고 있는 수소의 동위원소다. 중수소와 삼중수소를 1억도 이상의 핵융합로 안에 묶어두게 되면 플라스마 상태가 되어 자유전자와 양전하를 가진 수소이온으로 분리된다.

플라스마^{Plasma}란, 기체가 초고온으로 가열되어 전자와 양전하를 가진 이온으로 분리된 상태다. 플라스마를 고체, 액체, 기체와 함께 물질의 4번째 상태라고 말한다.

초고온에서 분리된 수소플라스마는 전기적 성질을 띠는 수소이온 상태로 엄청난 운동량을 가지게 된다. 이때 이온화된 중수소와 삼중수소는 상상조차 어려운 속도로 운동하며 각각 양성자 1개와 중성자 1개를 내놓고 양성자 2개

와 중성자 2개를 가진 헬륨으로 융합이 된다. 그리고 융합으로 질량이 줄어든 수소원자핵에서 융합되지 못한 하나의 중성자가 튀어나오게 되는데 이 중성자의 질량은 아인슈타인의 $E=mc^2$에 의해서 엄청난 에너지로 변환된다. 이것이 핵융합 반응을 이용해 에너지를 발생시키는 원리다.

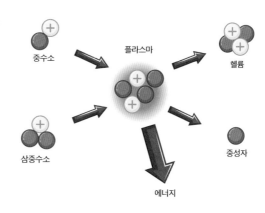

핵융합 원리.

　우주 전체의 70%를 차지하고 있는 수소를 이용하는 핵융합 에너지는 무한한 에너지이자 공해 없는 청정에너지로 부산물 또한 안전하다. 다만 그것이 실현될 수 있다면 말이다.

　현재 핵융합 연구의 핵심은 초고온의 수소플라스마를 핵융합로 안에 가둬둘 수 있는 기술 개발에 있다. 핵융합로에서 수소플라스마를 생성하기 위해서는 1억도 이상의 초고온 상태를 오랜 시간 유지해야 한다. 1억도는 수소원자를 분리할 수 있는 온도다.

　지구상에서 1억도의 온도를 실현시킬 수 있는 장치를 구현하는 것은 불가능에 가까웠다. 그것은 태양을 지구로 옮겨오는 일과도 같은 일이었기 때문이다. 1934년 핵융합을 처음으로 성공시킨 영국의 물리학자 어니스트 러더퍼드 조차도 핵융합 에너지는 망상이라고 할 정도였다.

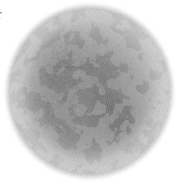

하지만 1951년, 미국 프린스턴 대학의 플라스마 물리학 연구실에서는 인류의 바람을 이루어낼지도 모를 엄청난 사건이 벌어지고 있었다. 비록 1.5초간의 짧은 순간이었지만 인공 태양을 만들어낸 것이다. 그 주인공은 미국의 이론 물리학자 라이먼 스피처였다.

스피처는 직접 제작한 수소 플라스마 핵융합로인 스텔러레이터^{stellarator}를 이용해 플라스마 상태의 수소를 헬륨원자핵으로 융합하는 실험에 성공했다.

많은 과학자들이 핵융합은 태양과 같은 초고온의 압력과 온도에서만 발생할 수 있는 반응이라고 생각했다. 하지만 스피처는 스

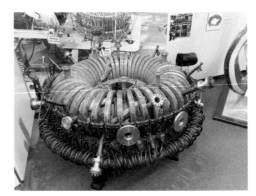

독일 박물관에 전시 중인 스텔러레이터.

텔러레이터를 통해 지구상에서도 핵융합이 가능하다는 것을 보여준 첫 사례가 되었다.

라이먼 스피처 교수가 고안해낸 스텔러레이터는 핵융합 반응을 일으키게 하는 실험장치였다. 핵융합이 성공적으로 이루어지기 위해서는 1억도 이상 초고온 상태의 수소 플라스마가 핵융합로 안에 머물러 있어야 한다.

핵융합로의 중요한 역할은 1억도 이상의 초고온을 달성하는 것과 1억도의 온도를 오랫동안 유지하는 것이다. 그래야 핵융합의 확률을 높일 수 있으며 수소플라스마의 운동량을 상상할 수 없을 만큼 빠르게 올려 강한 충돌을 유도할 수 있기 때문이다.

하지만 양전하를 띤 수소플라스마 이온은 서로 밀어내며 핵융합로 밖으로 빠져나가버리고 만다. 이것을 막기 위해서 고안된 것이 스텔러레이터다. 스텔러레이터는 자석과 전류를 이용해 수소이온을 빠져나가지 못하게 만든 자기거울과 플라스마핀치의 단점을 개선하여 만든 핵융합로다. 왼쪽 이미지를 보면 확인할 수 있듯 플라스마를 발생시키는 전자석 코일의 양끝을 붙여 도넛 모양으로 코일에 전류가 흐르도록 고안해낸 장치다.

이와 같은 도넛 모양의 코일을 토로이드 코일TF: toroid coil이라고 한다. 스피처는 도넛 모양의 토로이드 코일장치 바깥쪽에 구리줄을 감아 자기장을 발생시켰다. 이에 따라 전하를 띤 이온상태인 수소플라스마는 토로이드 코일 외부에 생긴 자기장을 벗어나지 못하고 그 내부에 갇히게 되었다.

토로이드 코일.

스피처의 스텔러레이터는 매우 훌륭한 아이디어였으며 핵융합로의 기본 모델이 되었다. 하지만 스텔러레이터 또한 많은 한계와 문제점에 부딪히게 되었다.

스피처 교수의 실험 이후, 지난 70여 년간에 걸친 핵융합의 역사는 1억도 이상의 수소플라즈마를 어떻게 핵융합로 안에 오랜 시간 가둬둘 수 있는가라는 문제의 답을 찾는 기나긴 여정이었다. 그 여정 속에 중요한 해법 중 하나를 우리나라에서 찾아냈다.

한국의 국가핵융합 연구소는 2018년 12월 핵융합로 1억도 달성에 성공했다. 핵융합 연구를 위해 우리나라가 만든 초전도 토카막 핵융합로인 kstar^{Korea Superconducting Tokamak Advanced Research}를 이용해 이룬 엄청난 성과다.

구소련에서 개발된 토카막^{Tokamak} 융합로는 현재 전 세계 핵융합 연구에서 가장 많이 채택되고 있는 핵융합 장치다. KSTAR는 토카막 방식의 융합로에 세계 최초로 초전도체를 적용하여 만든 최첨단 핵융합 장치로, 순수한 한국 기술력으로 설계, 제

토카막.

작되었다. 비록 1.5초의 짧은 순간이었지만, 이 실험을 위해 KSTAR에 투입된 장비와 기술적, 이론적 연구 성과들은 한국 과학 기술의 힘을 전 세계에 널리 알리는 계기가 되었다.

KSTAR가 세계의 주목을 받게 된 이유는 토카막 안을 고진공 상태로 만들어 수소플라스마가 토카막 내부와 접촉하지 않고 공중에 떠 있는 상태를 만든 데 있다. KSTAR에 사용되는 코일의 종류는 플라스마를 생성시키는 도넛 모양의 16개의 토로이드^{TF: Toroid Field} 코일과 토로이드 코일의 중심을 지나는 8개의 CS

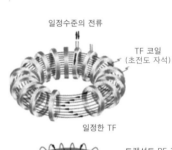

일정수준의 전류

TF 코일
(초전도 자석)

일정한 TF

트랜션트 PF 코일
(폴로이달 자석)
플라스마의
위치와 형상 제어

트랜션트 플라스마 전류

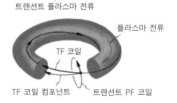

플라스마 전류

TF 코일

TF 코일 컴포넌트   트랜션트 PF 코일

코일, 14개의 PF 자석으로 구성된 6개의 PF$^{Poloidal\ Field}$ 코일이다. 토로이드 코일은 CS 코일과 PF 코일을 도넛 모양으로 감싸고 있으며 수소플라스마를 발생시킨다. 이때 전기장에 의해 수소이온이 코일 안쪽과 바깥쪽으로 분리가 되는 것을 막아주기 위해 강력한 초전도체로 만들어진 CS 코일이 사용된다.

CS 코일은 +, -를 바꿔주며 토로이드 코일 안에서 분리되는 수소이온을 분리되지 않도록 섞어주는 역할을 한다. PF 코일은 강한 자기장을 이용하여 토로이드 코일 밖으로 빠져나가는 수소이온을 모아 모양을 잡아주고 공중에 띄울 수 있게 해주는 역할을 한다. 이 기술과 설계가 KSTAR를 다른 핵융합로와 구별 짓게 하는 특징 중 하나다.

KSTAR가 다른 나라의 핵융합로와 차별될 수 있었던 또 하나의 이유는 토카막에 초전도체 코일을 사용했다는 것이다. 일반 코일에 비해 초전도체 코일은 전기 저항이 0이다. 초전도체 코일의 이러한 장점은 강력한 전류를 흘려보내 엄청난 자기장을 형성할 수 있고 수소플라스마의 밀도를 높여 고성능 플라스마를 만들 수 있다. 고성능 플라스마는 핵융합 반응에서 1억도 유지를 위한 매우 중요한 요소가 된다.

이제 KSTAR의 차별화된 기술력은 세계 핵융합 분야를 주도적으로 선도하고 있다. 한국을 비롯해 미국, 러시아, 유럽연합, 일본, 중국, 인도가 합류해 만든 초대형 국제협력 연구개발 프로젝트인 ITER$^{International\ Thermonuclear}$

한국의 핵융합로 KSTAR.

Experimental Reactor(국제핵융합실험로)를 건설하는데 KSTAR의 기술력이 핵심적으로 사용될 예정이다.

ITER는 과거 핵융합 연구가 수소폭탄 제조에 쓰여졌던 안타까운 역사를 극복하고 전 세계적으로 위협받고 있는 심각한 환경오염 문제와 인류가 평화롭게 사용할 수 있는 청정 대체에너지 발굴에 대한 소망이 만들어낸 프로젝트라는 것에 큰 의미가 있다. 그리고 최고 수준의 기술력을 쌓아가고 있는 한국의 핵융합 기술 또한 앞으로 한국을 대표하는 과학 기술의 자존심으로 급부상하게 될 것이다.

우리가 깨끗한 환경에서 살 권리가 있듯 미래 세대 역시 청정한 환경에서 살 수 있어야 한다.

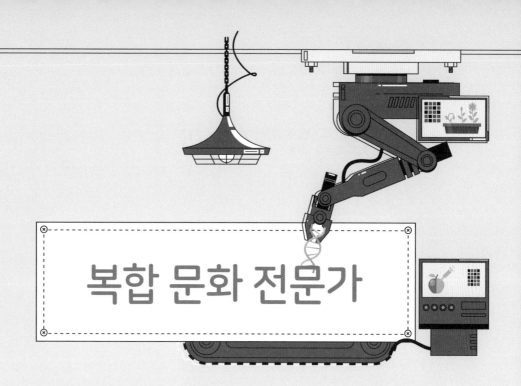

복합 문화 전문가

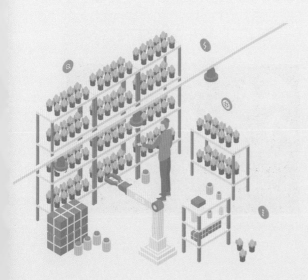

식품융합 엔지니어

뇌질환, 뇌분석 전문가

세포검사기사

날씨 조절 관리자

반려견 행동전문가

컬러리스트

식품융합 엔지니어

우리나라에서는 매우 생소한 이름이지만 미국과 유럽에서는 자리를 잡아가고 있는 직업 중 하나인 식품융합 엔지니어^{Industrial Collaboration Food Engineer}는 미래의 식량 위기를 대비해 인류에게 없어서는 안 될 매우 중요한 직업 중 하나로 관심 받고 있다.

현재 인류는 지구 온난화, 인구 증가, 토양 오염, 물 부족, 환경파괴 등으로 식량 자급도가 감소하면서 식량난에 대해 우려하고 있다. 돼지 콜레라, 조류인플루엔자, 탄저병, 광우병 등의 전염병이 퍼질 때마다 깨끗하고 안전한 먹거리에 대한 중요성 또한 전 세계적인 관심

과학은 식품의 세계에도 적용된다.

거리이다. 이러한 현실 속에서 유전학과 식품, 생명공학, 전자, 기계공학 등의 발전은 다가올 미래 식량난에 대비할 다양한 대체 먹거리를 연구, 개발하고 생산해낼 수 있는 기반을 만들었다.

식품융합 엔지니어Industrial Collaboration Food Engineer는 이러한 과학적 성과들을 융합하고 활용하여 GM푸드(유전자 재조합으로 생산된 농산물로 만든 식품) 연구 개발, 식품 안정성 검사, 식품 공정 과정 개발, 식품 첨가물 연구 등의 일을 수 행한다.

대학원 이상의 전문성을 요구하는 식품융합 엔지니어Industrial Collaboration Food Engineer는 직업 특성상 식품영양학, 식품공학, 유전학, 생물학 등 관련 학과를 전공하는 것이 매우 유리하다.

식품융합 엔지니어는 일반적으로 대학이나 연구소, 식품회사, 정부 관련 기관 등에 진출할 수 있다.

제4차 산업시대에 접어들면서 식품융합 분야는 발전한 생명공학과 스마트 기술이 농·축산업과 융합되기 시작했다. 이러한 변화는 인공지능으로 원격제 어되며 청정한 환경에서 저렴한 생산 비용 대비 높은 효율성을 가진 식자재를 생산할 수 있는 기반을 마련했다. 수직농장(인공제어 되는 고층건물 형태 농장), 스마트팜, 인공 배양육, 곤 충사육 등이 좋은 예이다.

이러한 사회 환경적 요구와 기술적 발달은 식품융 합 엔지니어의 활동 영역을 넓히고 전문인력 양성 에 관한 관심을 높여 줄 것으로 전망된다.

인공 배양육으로 한 요리.

인구절벽의 시대 스마트팜 농장은 부족한 노동력의 답이 될 수 있다.

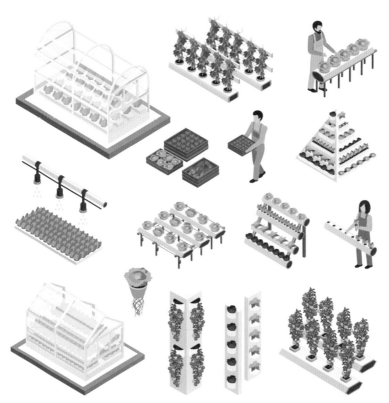

스마트팜과 수직농장의 다양한 형태들.

식품융합에 담긴 과학 - 유전자 조작

식품융합 엔지니어의 가장 주된 업무 중 하나는 GMO 푸드(유전자 조작 식품) 연구개발이다. GMO 푸드는 유전자 조작으로 생산된 농산물로 만든 식품을 뜻한다. 우리가 유전자를 알게 된 건 생각보다 길지 않다.

인류에게 최초로 유전학을 선사해준 학자는 1865년 오스트리아 작은 마을 브륀의 수도사였던 멘델이었다. 멘델이 유전법칙을 발견한 이래 유전학은 폭발적으로 발전해왔다. 이후 염색체와 유전의 핵심인 'DNA'가 발견되었고 1953년, 케임브리지 대학의 생화학자 프랜시스 크릭과 미국인 생물학자 제임스 왓슨은 'DNA의 이중나선구조'를 밝혀내어 유전학의 새로운 지평을 열었다. 그리고 유전학 역사 140여 년 만인 2003년 인간 유전자 지도인 '게놈'을 완성하는 엄청난 쾌거를 올렸다.

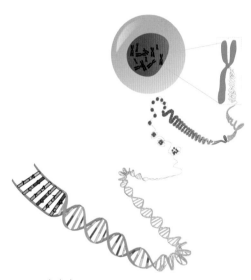

DNA 이미지.

인간의 유전자와 동·식물의 유전자는 '유전자 지도'에 의해 완벽하게 분석되었다. 그 결과 우리는 어떤 유전자가 어떤 형질을 만들어내고 어떤 병을 유발하는지 전부 예측할 수 있는 시대에 살게 되었다.

유전학의 발전과 더불어 생명공학, 전자기학, 의학 등 수많은 과학 기술이 융합되어 동·식물의 유전자 조작을 통해 질병에 강하고 더 빨리 자라며 영양가가 풍부한 새로운 종을 만들어내는 단계까지 발전했다.

유전 공학의 최신 기술은 '유전자 가위'이다. 이 기술은 기존의 유전자에서 취약했던 DNA만을 선별적으로 잘라내어 강점만 가진 품종을 만들어내는 것이다.

유전자 조작과 유전자 가위는 기술적 접근이 다르다. 유전자 조작이 기존의 개체에 다른 유전자를 집어넣어 강점을 만드는 기술이라면 유전자 가위는 기존의 유전자에서 약점만을 잘라내어 신품종을 만들어내는 기술이다. 대표적인 유전자 조작 작물로는 콩과 옥수수가 있다.

유전자 가위 기술은 1~3세대까지 있으며 최근 가장 주목받고 있는 유전자 가위 기술은 3세대인 크리스퍼$^{\text{CRISPR - Cas9}}$이다.

크리스퍼 기술은 미국 버클리대학 제니퍼 다우나 교수와 독일 하노버대학 엠마뉴엘 카펜디어 교수가 이끄는 공동연구팀에 의해 2012년 발표되었다. 이

유전자 조작은 기존 개체에 다른 유전자를 넣어 강한 품종을 만든다.

유전자 가위는 기존 유전자의 약점을 잘라내는 기술이다.

것은 기존의 1, 2세대 유전자 가
위 기술과는 비교도 안 될 만큼
혁신적인 기술로 유전 공학의 새
로운 지평을 열게 되었다.

크리스퍼는 교정 유전자를 찾
아내는 RNA와 인공제한효소인
Cas9이 결합한 형태로 되어 있다.

교정 유전자를 찾아내는 RNA는 일종의 길잡이 역할을 한다. RNA는 교정
유전자를 찾아낸 후 결합한 다음 교정 유전자의 이중나선구조를 풀어내어 한
가닥으로 만든다. 그때 제한 효소인 Cas9이 교정 유전자의 이중나선구조의
양 가닥을 모두 절단한다. 그리고 절단된 유전자에 새로운 정상유전자를 만
들어 끼워 넣는다. 상상 속에서나 가능할 것 같은 놀랄 만한 기술이 21세기에
실현된 것이다.

기존 1, 2세대 유전자 가위 기술은 복잡하고 까다로우며 수개월에서 수년이
걸리는 엄청난 비용의 기술이었다. 하지만 크리스퍼 기술은 이 고비용의 복잡
한 기술을 며칠이면 해결 가능한 대중적이고 매우
저렴한 기술로 발전시켰다.

유전자 가위 기술로 탄생한 대표적 작물
에는 갈변 현상이 없는 양송이가 있다. 이
것은 펜실베이니아 주립대학 연구팀이 개
발한 것으로 양송이 유전자에서 갈변을 일으
키는 유전자만 제거하여 만들었다.

유전자 가위 기술을 긍정적으로 생각하는 과학자들은 기존의 유전자에서 약점만을 선별적으로 잘라냈기 때문에 안전하다고 주장한다. 그러나 유전자 가위 기술로 탄생한 동·식물을 유전자 조작의 범위에 넣을 것인지 말 것인지에 대한 논의는 여전히 뜨겁다.

유전자 가위 기술 또한 완전한 기술은 아니다. 여전히 부작용은 있으며 잘못 잘라냈을 때는 오히려 돌연변이가 발생할 수 있다는 약점도 있다. 유전자 가위를 인간에게 사용하여 원하는 아기의 성별, 특성, 질병 등을 조작적으로 만들어내는 것에 대한 논란 또한 뜨거운 감자다.

이 기술들을 어떻게 사용할 것인가? 어디에 사용할 것인가? 하는 문제에 대한 답은 인류에게 숙제로 남아 있다.

GMO와 유전자 가위 기술로 탄생한 식재료가 이제 우리 밥상에 오르기 시작했다.

뇌질환, 뇌분석 전문가

뇌는 인간의 신체적, 정신적인 모든 활동을 통제하고 행동하게 하는 근원이다. 인간 연구의 최종단계인 뇌를 통해 인간의 행동과 심리를 모두 밝혀낼 수 있다면 얼마나 좋을까?

뇌질환, 뇌분석 전문가는 인간 두뇌의 발달과정과 기능, 구조, 역할 등을 알아내고 뇌질환의 원인을 규명하며 치료법을 개발하는 전문가를 통칭한다.

우리나라에서 뇌과학을 비롯한 뇌연구 분야는 불모지와 같다. 뇌의 기능을 탐색하고 연구하는 뇌과학이 이제 좀 알려진 시점이다. 아직 뇌과학자와 뇌질환, 뇌분석 전문가의 경계가 모호하고 정확한 직무 또한 정립되어 있지 않다. 뇌신경외과의가 되는 것이 가장 유리하지만 심리학, 생물학, 생명공학 등과 같은 다양한 분야의 전공을 배경으로 뇌과학에 관심을 가지고 뇌의 작동 원리를 연구하는 일에 종사할 수 있다. 석·박사 이상의 전문지식을 요구하며 끈질기고 세심한 분석력이 매우 필요한 분야다.

아직 우리의 뇌는 연구된 과제보다 연구해야 할 과제가 훨씬 많다. 그래서 뇌질환, 뇌분석 전문가는 새로운 연구주제를 설정해 의학, 심리학, 생물학, 공학 등 다양한 분야와 협업하며 열려 있는 연구 자세로 접근하는 것이 필요하다.

제4차 산업시대에 접어들면서, 뇌과학 및 뇌분석, 뇌질환 전문가의 역할은 매우 기대되는 분야 중 하나이다. 인간의 뇌를 연구하는 것은 인공지능 개발을 포함한 로봇, 빅데이터 등 수많은 영역에 응용될 수 있는 기반이 될 수 있기 때문이다.

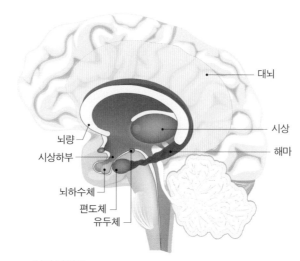

뇌의 단면도.

뇌분석에 담긴 과학 - 뇌간, 변연계, 신피질

뇌의 작동 원리를 분석하고 질환을 연구하는 일은 어렵다. 그중에서도 암보다 무서운 공포로 인식되고 있는 '치매'는 더욱 그렇다. 치매 예방약이 시판되고 치매를 국가적 차원에서 관리하고자 하는 정책이 나오는 것만 보더라도 인간의 뇌 연구가 얼마나 절실한지를 알 수 있다.

수많은 신체적 질병들은 많은 학문적, 임상적 발전을 거듭해왔다. 그에 비해 뇌질환의 대부분은 종교적인 영역으로 취급되거나 정확한 과학적 원인조차 불분명한 것이 많다.

뇌는 또 하나의 우주라고 할 만큼 방대한 메커니즘 속에서 움직이고 있다. 그 우주를 향해 인류는 아주 작은 로켓 하나를 만들어 이제 막 여행을 시작했을 뿐이다.

인간이 지구상에서 눈부신 과학 문명을 이루고 살아갈 수 있었던 이유 중 하나는 남다른 뇌를 가지고 있었기 때문이다. 수많은 뇌의 작용 중에 정보를

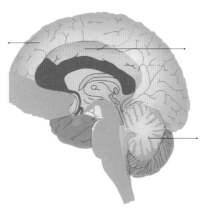

신피질(대뇌피질)
영장류에게만 있어 영장류의 뇌라고도 한다.
이성을 담당한다.

변연계(대뇌변연계)
포유류의 뇌에서 볼 수 있으며 감정을 담당한다.

간뇌
파충류를 닮아 파충류의 뇌라고도 하며 생명유지를 담당한다.

기억하고 분석하여 행동에 이르게 하는 고도로 발달한 과정이 어떻게 진행되고 있는가를 알아보자.

인간의 기억은 어디에 저장되고 어떻게 처리되는 것일까?

뇌는 '감정'과 '기억'이라는 소재를 분업화하여 매우 잘 다루고 있다. 뇌의 기능은 크게 간뇌와 변연계(대뇌변연계) 그리고 신피질(대뇌피질)로 나눌 수 있다.

간뇌는 호흡, 생식, 심장박동, 반사 등의 생명 유지에 필요한 일을 관장하는 뇌로 파충류, 조류, 포유류를 포함한 모든 동물에서 볼 수 있다. 하지만 파충류에게서 인간과 같은 감정을 기대할 수 없는 이유는 파충류 뇌 안에는 변연계가 발달해 있지 않기 때문이다.

변연계는 고양이나 개 등을 포함한 포유류에서 나타나는 정서적, 감정적 교감과 관계가 있다. 집사나 보호자의 슬픈 표정을 보고 살며시 다가와 핥아주는 고양이와 강아지의 행동은 바로 이 변연계의 화학적 신호에 의한 것이다. 인간은 기억뿐만이 아니라 슬픔, 기쁨, 공포, 분노 등의 감정 공유가 삶의 많은 부분을 차지하고 있는 동물이다. 오히려 냉철한 사고보다 감정에 휩싸이는 경우가 더 많다. 그래서 변연계는 '포유류의 뇌'라고도 부르며 간뇌의 본능으로만 살아가는 '파충류'와 인간을 차별화시킬 수 있는 이유 중 하나다.

인간이 섬세한 감정을 가질 수 있는 이유는 바로 '해마'와 '편도체'라고 하는 뇌의 한 장소에서 시작된다. 해마와 편도체는 '대뇌변연계'라고 하는 부분에 속한다. 일종의 감정과 기억을 관장하는 뇌의 한 영역이다.

편도체는 주로 분노나 공포에 대한 기억을 담당하며 무의식적인 기억이 저장되는 곳이다. 해마는 기억의 입력장치 역할을 하며 단기기억과 의식적이고 언어적인 기억에 관여한다고 한다. 해마의 기능 상실로 인해 발병하는 증상 중 하나가 바로 알츠하이머성 치매다. 해마는 주로 처음 접하는 정보를 입력하는 역할을 하며 단기기억에 관여한다. 그래서 알츠하이머 환자들은 오늘 아침 혹은 조금 전의 단기기억은 못 하지만 어릴 때나 학창시절에 있었던 기억과 같이 장기기억은 손상되지 않은 채 그대로인 경우가 많다.

신피질은 뇌의 최고기능을 담당하고 있다. 지구상에 어떤 동물보다도 월등하게 발달한 인간만이 가지고 있는 고도의 뇌 기능이다. 냉철한 판단과 논리적 사고, 창의력이 나오는 부분이 바로 신피질이다.

신피질의 발달로 인간은 문명을 이루었고 영성을 키워왔으며 과학을 발전시킬 수 있었다. 발생학적으로는 뇌간과 변연계가 가장 먼저 발달했고 신피질은 상대적으로 후에 발달한 것으로 알려져 있다.

이렇게 분업화되어 있고 정교하게 발달된 인간의 뇌는 서로 연결되어 끊임없이 정보를 주고받으며 다양한 기능을 한다.

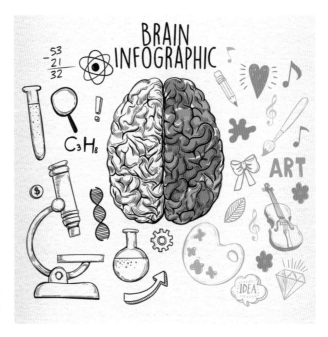

이미지에서 살펴볼 수 있듯이 좌뇌와 우뇌의 활동영역은 다르다.

세포검사기사

세포검사기사는 환자들의 세포 표본을 수집하여 분석하는 일을 담당하는 전문가이다. 현대 의학과 유전학은 암, 호르몬, 유전병 등 관련 질병을 조기에 발견하는 각종 검사기술을 통해 예방의학을 발전시켰다. 질병을 미리 발견하여 예방하는 일은 발병한 질병을 치료하는 것보다 훨씬 적은 비용과 높은 완치율을 보이기 때문이다.

세포검사기사가 하는 일 중 가장 핵심적인 것은 검사 기준과 조건에 맞는 다양한 검사방법을 통해 세포를 채취하여 분석하는 일이다. 특히 세포검사는 암 발견과 호르몬 관련 분야에 매우 효과적

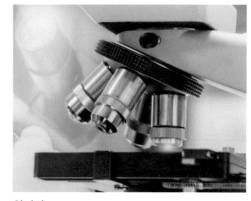

현미경.

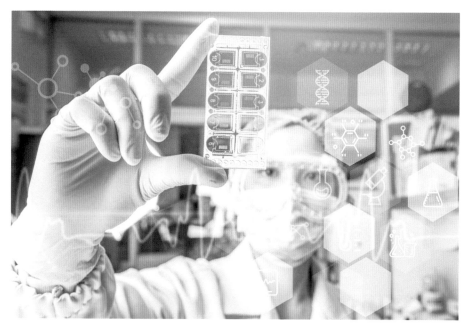

세포검사.

인 방법으로 활용되고 있다.

　세포검사기사가 되려면 화학, 생물학, 임상병리학을 전공하거나 관련 전문
교육을 받아야 한다. 우리나라에서는 아직 임상병리사와 업무 영역이 크게 구
분되지 않아 반드시 임상병리사 자격증을 취득해야 한다. 세포검사기사는 주
로 대학병원이나 종합병원의 임상병리실, 대학이나 전문 연구소의 연구원으
로 일을 한다.

　우리보다 앞선 미국에서는 1970년대부터 따로 분리되어 직업으로 정착된
분야로, 미국에서 세포검사기사가 되려면 화학과 생물학 등을 전공하고 세포
검사 관련 전문 기관에서 1년 동안 경험과 전문지식을 쌓아야 한다. 그리고

반드시 임상병리사 자격과정을 통과하여 자격증을 취득해야 한다.

세포검사기사가 되려는 사람은 관련 전공에 대한 전문지식뿐만이 아니라 분석에 필요한 세포 샘플을 채취하고 관찰해야 하기 때문에 세심한 관찰력과 분석력이 요구된다. 또한 의사, 간호사, 병리학자들에게 제출한 분석결과를 협의하는 과정에서는 소통의 자세가 필요하다.

세포검사는 전문적으로 특화된 분야로서 높은 수준의 전문 인력이 필요하며 미래 발전 가능성이 크다. 특히 암과 호르몬 관련 질병과 같은 세포 조직의 이상으로 발생하는 병에서는 조기진단과 예방에 대한 중요성이 높아짐에 따

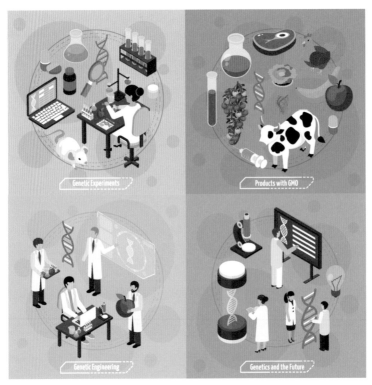

세포검사는 의학, 식품, 생물학 등 많은 분야에서 이용되고 있다.

라 전문 인력 수요가 많아질 것으로 전망된다.

세포에 담긴 과학 - 세포의 구조와 기능, 유사분열, 미토콘드리아

인류는 생물학과 의학의 발달로 인간 DNA의 비밀과 세포의 역할을 규명해 가는 과정에서 모든 질병의 근원이 인간 세포에서 시작되고 있다는 것을 알게 되었다. 이러한 과학적 토대 위에서 세포검사의 다양한 기술적 방법이 발달하고 더 정밀해질 수 있었다.

세포를 검사하는 방법은 매우 다양하며 우리가 쉽게 접할 수 있는 대표적 검사로는 자궁경부암 진단이 있다. 자궁경부암은 특수 솔로 자궁경부의 세포를 긁어 자연스럽게 떨어져 나온 세포를 채취하여 검사하는 방식으로 이러한 검사방법을 탈락 세포검사exfoliative cytology라고 한다.

이 밖에도 액상, 뇌척수, 객담 세포검사 등이 이에 해당하며 바늘을 병변에 찔러 세포를 채취하는 세침흡인 검사가 있다. 특히 징후가 나타나지 않는 암세포를 조기 발견하는 데 매우 큰 역할을 하면서 더욱 주목받게 되었다.

이런 일이 가능했던 이유는 오랜 세월 선행됐던 세포에 대한 이해와 연구가 있었기 때문이다. 세포는 생명체를 이루는 가장 기본단위로 몸을 이루고 자손을 이어가게 만들며 생명 활동의 시작과 끝을 담당한다.

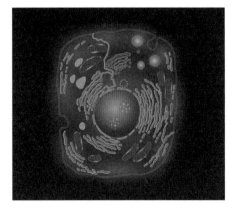

진핵세포.

인류가 세포를 이해하게 되면서 생명의 기원과 작동원리, 유전, 질병 등에 관한 비밀에 접근할 수 있게 된 것이다.

세포의 구조와 기능

세포는 크게 진핵세포와 원핵세포로 나눈다. 진핵세포는 세포의 핵심적인 정보를 담고 있는 세포핵, 세포질, 세포질 내의 세포소기관, 세포질과 세포핵을 구분하는 핵막으로 구성된 세포를 말한다.

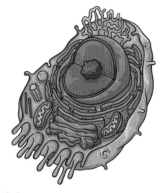

진핵세포.

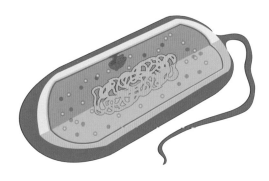

원핵세포.

원핵세포는 진핵세포와 달리 세포소기관과 핵막이 없는 세포를 말한다. 세포의 종류는 체세포, 생식세포, 신경세포, 줄기세포 등 매우 많으며 모습과 크기도 다양하다.

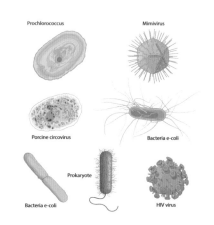

원핵세포의 다양한 형태들.

인간 세포의 수는 약 60조로, 끊임없는 생성과 죽음의 과정을 통해 순환한다. 하지만 영양분이 공급되는 한 소멸하지 않고 분열을 거듭하는 특이한 세포도 있다. 바로 암세포다.

암세포는 모양과 크기가 정상 세포와는 다르며 정상 세포를 파괴하며 성장한다. 인간 세포 또한 진핵세포에 해당하며 크게 세포막과 세포질, 세포핵으로 구분할 수 있다.

세포막은 세포막 내부를 보호하고 세포 안팎에 있는 물질 간의 이동을 조절한다. 세포막 안에는 세포질로 가득 차 있으며 세포질 안에는 세포의 핵심인 DNA가 있는 세포핵과 핵막, 소포체, 리보솜, 미토콘드

세포연구가 진행될수록 불치병은 치료 가능한 질병으로 바뀌게 된다. 그리고 눈부신 과학의 발전이 그 도구가 되고 있다.

리아, 골지체 등의 세포소기관이 있다. 세포소기관 중 하나인 소포체와 리보솜은 세포 내에서 단백질을 합성하는 역할을 한다. 막 구조로 되어 있는 소포체에는 리보솜이 붙어 있는 소포체와 매끈한 소포체가 있다. 매끈한 소포체에서는 지방을 합성한다.

골지체는 이탈리아 신경과학자 카밀로 골지가 발견한 세포소기관 중 하나로 세포 내의 물질을 외부로 내보내는 분비작용을 한다.

미토콘드리아는 우리 몸의 에너지를 만들어내는 에너지 공장 역할을 하는 매우 중요한 세포소기관 중 하나다. 미토콘드리아의 출현 배경은 다른 세포소기관과 다른 경로를 가지고 있다. 미토콘드리아의 발견은 생물학의 방향을 다시 설정하는 계기가 되었을 만큼 중요한 사건이었다. 이로 인해 인류는 생명 진화의 비밀에 한 걸음 더 다가설 수 있게 되었다.

미토콘드리아의 발견

1841년, '색수차' 현상을 없앤 현미경이 개발되었다. 색수차란 현미경의 성능이 향상될수록 좁은 영역의 초점이 흐려지는 기술적 문제였다. 이후 더 정교해진 현미경 기술과 더불어 1873년 이탈리아의 세포학자 카밀로 골지는 세포를 잘 보이게 하는 '골지 염색법'을 개발한다.

카밀로 골지.

색수차가 없는 현미경과 골지 염색법은 세포를 더욱 면밀하게 관찰 할 수 있는 기반을 마련했다. 이러한 기술의 발전이 19세기 후반. 세포 분열과 신경세포, 세포핵 등을 관찰할 수 있게 만들었다.

독일의 미생물학자 칼 벤더는 세포막 안에 떠 있는 무수히 많은 작은 물질들을 관찰하게 된다. 벤더는 그 작은 물질들이 세포막을 지탱해주는 연골이라 생각했고 그것을 의미하는 그리스어인 미토콘드리아라는 이름을 붙였다. 그런데 그는 자신이 발견한 미토콘드리아의 의미가 얼마나 대단한 것인지 잘 몰랐다.

1920년대에 이르러 과학자들은 미토콘드리아가 음식물로부터 생명체의 에너지원인 ATP를 합성하는 매우 중요한 역할을 한다는 것을 발견하게 된다. 또한 1963년 미토콘드리아는 독립적인 고유의 DNA를 가지고 있으며 스스로 증식이 가능하다는 사실을 밝혀냈다. 이것은 미토콘드리아가 우리 몸에서 발생한 것이 아니라 독립적으로 존재하는 미생물과 같다는 사실을 말해주는 것이었다.

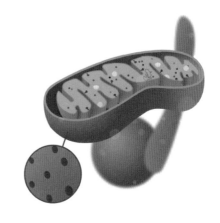

미토콘드리아의 이미지.

이 발견은 미국의 생물학자 린 마굴리스의 '공생진화론'을 뒷받침하는 핵심증거가 되었고 공생진화론은 생물학계의 오랜 정론이었던 '자연선택설'에 이의를 제기하며 진화론의 새로운 관점을 제시했다. 이 일은 생물학계에 핵폭탄과 같은 충격을 주었다.

유사분열

세포를 처음 발견한 사람은 1665년 영국의 화학자이자 천문학자였던 로버트 훅이었다. 로버트 훅이 세포를 발견한 지 정확히 200년이 지난 1865년, 오스트리아의 작은 수도원의 수도사인 그레고르 멘델은 '유전법칙'을 발견하게 된다. 그리고 17년이 지난 1882년, 독일 출신의 생물학자이자 의사인 발터 플레밍은 세포 분열 과정을 발견하게 된다.

플레밍은 현미경을 이용한 세포 관찰에 관심이 많았지만, 세포질 속의 물질들은 현미경으로도 관찰하기가 매우 어려웠다. 생물학자들은 다양한 세포염색법을 이용해 세포질 내부에 물질들을 선명하게 관찰하기 위해 노력했으나 염색과정에서 세포들은 대부분 죽어버렸다. 세포를 죽이지 않는 염색법을 고심하던 플레밍은 새롭게 개발한 염색법을 이용하여 실과 같은 모양을 가진 물질을 발견한다. 그리고 이 물질

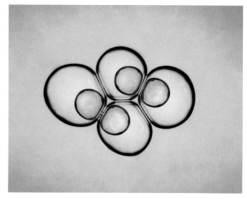

세포 분열.

에 색을 의미하는 그리스어인 Chromatin(염색질)이라고 명명했다.

플레밍은 이 염색법을 이용한 도롱뇽 배아 연구를 통해 '세포 분열 현상'을 발견하게 된다. 그리고 세포 분열 과정 중에 염색질이 짧고 실처럼 생긴 물질에 모여 있음을 발견하게 된다. 후에 짧고 실처럼 생긴 물질은 '염색체'라고 명명되었다. 이 염색체가 세포 분열에 있어 매우 중요한 역할을 한다는 것을 알게 된 플레밍은 염색체의 모양이 실처럼 생겼음에 착안하여 세포 분열의 과정을 '유사분열'이라 불렀다.

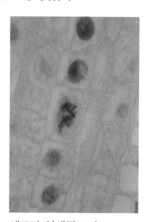

세포가 염색된 모습.

유사분열.

플레밍은 유전의 핵심정보를 담고 있는 염색체 발견에 중요한 단서를 제공했다. 그리고 부모의 형질이 자손에게 어떻게 이어지는지에 대한 의문에 유사분열이라는 가장 핵심적이고 기초적인 개념을 확립함으로써 생물학과 유전학의 토대를 만들었다.

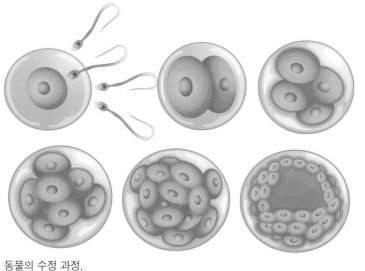

동물의 수정 과정.

수정 과정 실제 이미지.

날씨 조절 관리자

날씨 조절 관리자는 가뭄 해소, 공기정화, 기온조절, 기후변화, 환경보호 등을 목적으로 인공강우$^{artificial\ rainfall}$를 비롯한 다양한 과학적 방법을 이용해 날씨를 조절하고 관리하는 전문가를 말한다. 아직은 우리에게 생소한 직업이지만 지구 온난화와 환경오염, 날씨 경제(날씨로 발생할 수 있는 경제적 이익과 손해)의 중요성이 대두되면서 점점 관심이 높아지고 있는 미래 유망 직종 중 하나로 꼽히는 분야다.

날씨 조절 관리자가 하는 일을 살펴보면 다음과 같다.

첫 번째, 인공강우 기술을 개발하고 실용화할 방안을 연구한다.

두 번째, 환경문제로 발생할 수 있는 모든 가능성을 연구하고 피해를 최소화할 방안을 연구한다. 또한 지구 온난화로 인한 기후변화가 미칠 영향을 분석하고 그 적응방안을 모색한다.

마지막으로 가뭄, 홍수, 허리케인, 폭설 등 기후로 인한 재해 발생의 원인을 연구하고 재해의 강도나 피해를 최소화할 방법을 연구한다.

온난화, 가뭄, 홍수 모두 인류가 극복해야 할 과제이다.

날씨 조절 관리자가 되기 위해서는 기상학, 대기 물리학, 대기 역학, 우주 기상학 등을 전공해야 한다. 주로 기상 연구소나 관련 대학의 연구소 등에서 일을 하며 대학원 이상의 전문지식을 요구한다. 변화무쌍한 기후 분석을 위한 전문 컴퓨터 장비를 다룰 수 있는 컴퓨터 운용능력과 호기심을 가지고 새로운 문제가 발생했을 때 끝까지 도전하는 열정과 풍부한 창의력이 있는 유형에게 적합하다.

현재 우리나라는 인공강우 분

풍족하게 물을 쓸 수 있다는 것은 축복이다.

야에서는 출발선에 서 있다. 인공강우의 선도국인 중국과 미국에 비하면 아직 걸음마 단계이고 기술 격차 또한 6.8년 정도 차이를 보인다. 이제 시작되고 있는 직업이지만, 미세먼지, 물 부족 등과 같은 환경문제의 미래 대안 중 하나로 검토되고 있는 분야로, 앞으로 고도의 전문성과 발전 가능성이 많은 미래 직업이 될 것으로 전망한다.

날씨 조절에 담긴 과학 - 인공강우

날씨는 일정한 지역을 넘어 한 국가와 전 세계에 매우 중요한 경제적, 사회적 변수로 작용하고 있다. 강력한 허리케인이나 극심한 가뭄 또는 홍수로 인해 특정 국가와 장소가 재난지역이 된다면 거기에서 발생하는 경제적, 사회적 피해는 국가적으로는 큰 손실이자 개인에게는 돌이킬 수 없는 비극이 될 수 있다.

날씨를 조절한다는 것은 동화 속 마법사만이 가능할 것 같은 일이다. 현재까지 인류는 과학이 아무리 발달해도 날씨의 영역은 인간이 어찌해볼 수 없는 자연의 큰 순환으로 받아들이는 경우가 대부분이었다.

하지만 대기 역학, 우주 기상학, 대기 물리학 등이 발전하고 위성사진과 레이더가 정교해지면서 우리는 기상 현상을 하나씩 이해하게 되었다. 물론 여전히 날씨예보는 완벽한 정확도를 자랑하지는 않는다.

기상예측은 생각처럼 단순하지 않다. 기상상태에 영향을 주는 변수가 매우 많아서 슈퍼컴퓨터로 계산해야 할 만큼 복잡한 과정이다. 하지만 고난이도 수학을 바탕으로 하는 슈퍼컴퓨터와 과학 기술의 발전으로 날씨 예측의 정확도는 점점 높아지고 있다. 날씨 예측에도 고도의 과학 기술이 필요한 것이다.

기상관측은 정확도를 자랑하기가 쉽지 않다.

기상관측에 이용되는 위성들.

그런데 날씨 예측을 넘어 날씨를 조절하는 일은 더 힘들고 복잡한 문제다. 인류는 1940년대 처음으로 인공강우 실험에 성공하여 날씨를 조절할 수 있다는 가능성을 확인했다. 현재는 우리나라를 포함한 40여 개국이 인공강우 실험에 참여하고 있다.

인공강우를 실생활에 접목하여 성공을 거둔 대표적 사례 중 하나로는 2008년 중국 베이징 올림픽이 있다. 중국 당국은 베이징 올림픽 개·폐막식에 비가 오는 것을 막기 위해서 베이징으로 몰려오는 비구름에 Cloud Seed(비를 만드는 입자)를 로켓에 실어 하늘로 쏘아 올렸다. 여기에 사용된 Cloud Seed가 인공강우를 만드는 중요한 핵심물질이다.

비는 구름 입자인 수증기가 모여

2008년 중국 베이징 올림픽은 대표적인 인공강우 성공 사례이다.

만들어진 물방울이 땅으로 떨어지는 현상이다. 구름 입자는 수증기 상태로 대기 중에 떠 있다. 비가 되어 내리기 위해선 구름 입자들이 뭉쳐져야 하는데 그 역할을 하는 물질이 대기 중의 먼지, 연기, 배기가스 등이다. 약 100만 개의 구름 입자가 모여야 2mm 정도의 물방울이 될 수 있다. 구름 입자를 뭉치게 하는 먼지, 연기, 배기가스 등의 미세 입자를 응결핵(수증기를 응결시키는 입자) 또는 빙정핵(얼음알갱이를 만드는 입자)이라고 한다.

인공강우는 구름 속에 떠다니는 구름 입자를 인위적으로 뭉쳐서 비를 만드는 과정이다. 이때 응결핵과 빙정핵으로 사용되는 Cloud Seed(비를 만드는 입자)는 구름의 종류와 대기 상태에 따라 다르다. 일반적으로 사용되는 Cloud Seed(비를 만드는 입자)는 요오드화은^{AgI}, 드라이아이스, 염화나트륨, 염화칼륨, 요소 등이 있다. Cloud Seed는 구름의 높이에 따라 사용하는 물질이 다르다. 높은 곳에 있는 구름은 얼음알갱이 상태로 요오드화은과 드라이아이스를 이용해 빙정핵(얼음알갱이를 만드는 입자)을 만들어 인공강우를 만든다. 높은 대기층의 구름 속에서 빙정핵이 된 얼음알갱이들이 중력에 의해 떨어지

인공 강우를 내리는 방법 중 대표적인 두 가지 방법.

면서 녹아 비가 되는 것이다.

이에 반해, 대기 낮은 곳에 있는 상대적으로 온도가 높은 구름의 입자는 수증기 상태로 흩어져 존재한다. 여기에는 염화나트륨, 염화칼륨, 요소와 같

은 습기를 빨아들이는 물질을 이용해 빗방울을 뭉치게 한다. 이러한 원리를 이용해 만들어지는 인공강우는 아직 비용보다 효율이 떨어지는 면이 많아 다각적인 연구가 더 필요한 분야다. 구름이 전혀 형성되지 않는 사막 대기에서는 인공강우를 실시할 수 없다는 점도 큰 한계 중 하나이다.

전 세계 인공강우 실험을 선도하고 있는 중국과 미국은 새로운 인공강우 방법을 모색 중이다. 미 우주항공국은 전기장을 이용하여 구름 한 점 없는 하늘에 구름을 모으는 실험을 하고 있다.

한편에서는 이러한 실험에 걱정의 목소리를 내는 사람들 또한 적지 않다. 아직 인공강우 실험은 기술적 한계와 사회적 통념에 부딪혀 어려움을 겪고 있는 게 사실이다. 날씨를 조절하고 기후를 관리한다는 것은 여전히 자연의 영역이며 인간이 개입하는 것에 대한 두려움을 갖고 있기 때문이다. 하지만 과학 기술은 인류의 목적이 아니라 도구일 뿐이다. 인공강우를 어떻게 사용할 것인지는 인류가 해결해나가야 할 큰 숙제이다.

인류가 비를 조절할 수 있다면 가뭄과 홍수 조절도 가능할 것이다. 하지만 그것이 정말 가능할까?

반려견 행동전문가

반려견이라는 말은 언제부터 쓰인 말일까? 우리가 쓰는 단어의 변화를 따라가다 보면 아주 재미있는 것을 발견할 수 있다. 그 이유는 말이라는 것이 사람들의 생각을 반영하기 때문이다. 없었던 말이 새로 생긴다는 것은 사람들의 생각이 바뀌고 있다는 증거이기도 하다.

반려견과의 삶은 사람들에게 어떤 의미일까?

불과 몇 년 전까지만 해도 반려견이라는 말보다 애완견이라는 말을 더 많이 사용했다. 지금은 애완견보다 반려견이라는 말을 더 많이 쓰고 있다. 정서적인 소통을 하며 가족으로 함께 살아간다는 뜻이 포함된 반려견으로 바뀌는 추세인 것이다. 점점 반려견, 반려묘, 반려동물이라는 말을 많이 쓰게 된다는 것은 이제 사람들이 강아지나 고양이를 단순히 동물이 아닌 가족이나 평생 함께 살아가는 동반자의 뜻으로 받아들이고 있다는 것을 의미한다.

반려견 행동전문가란, 반려견의 사회화 과정, 생활교육, 문제 행동의 진단 및 원인을 분석하여 반려인과 소통을 통해 교육하고 문제 행동을 개선하도록 돕는 일을 하는 전문가를 말한다.

반려견 행동전문가가 하는 일은 매우 많다. 먼저, 반려견의 문제행동을 진단하고 분석한다. 정확한 진단과 분석을 위해서는 반려견에 대한 세심한 관찰이 필요하다. 반려견 행동전문가는 반려견의 습성, 성격, 행동에 대한 지식과 경험이 많아야 한다.

두 번째는 문제행동의 원인을 보호자에게 이해시키고 필요할 때는 도움을 요청하기도 한다. 문제행동의 대부분이 보호자와 함께 사는 환경에서 발생한 것으로 보호자와의 소통은 문제해결을 위해 가장 중요한 일이다. 보호자의 잘못된 생각과 반려견에 대한 이해 부족이 문제 행동의 원인이 될 수도 있기 때문이다. 때로는 문제 해결을 위한 처방을 받아들이기 어려워하거나 보호자 스스로가 죄책감을 갖는 경우가 있다. 그럴

반려견에게도 사회화는 필요하다.

때 반려견 행동전문가는 보호자가 개선해야 할 일들이 무엇인지 보호자를 잘 이해시키고 설득해야 하는 일도 한다. 그래서 사람과 친화력이 좋으며 소통하려는 마음 자세 또한 매우 중요한 덕목이다.

셋째, 문제행동의 원인을 개선할 수 있는 교육프로그램을 만든다. 반려견의 문제행동을 바꾸는 교육은 매우 많다. 반려견 행동전문가는 이미 효과가 입증된 교육방법을 진행하기도 하지만 경험이 많은 행동전문가들은 자신만의 경험을 바탕으로 새롭게 만든 교육 프로그램을 진행하기도 한다. 사람이 모두 다르 듯 개들도 십견 십색이며, 반려견들을 돌봤던 경험들을 잘 활용할 수 있는 반려견 행동전문가라면 항상 공부하는 자세로 창의적인 생각을 해야한다.

아직 우리나라에는 공식적인 자격증은 없지만 각 대학에서 반려동물 관련 전공을 하면 좋다. 현재 반려견을 키우는 인구가 급속하게 늘어나면서 반려동물 행동학이나 훈련사 과정을 개설하는 학교가 많이 늘고 있다,

그렇다고 꼭 전공을 해야만 하는 것은 아니다. 전공자가 아니더라도 반려견에 대한 열정과 관심이 있다면 사설기관이나 교육원 등을 통해 반려동물 행동전문가 과정을 수료하고 민간자격증을 딴 다음 활동할 수도 있다. 정부 교육기관에서도 직업훈련 과정으로 반려견 행동전문가가 되려는 사람들에게 교육의 기회를 마련해 주고 있다.

한국뿐만이 아닌 여러 나라에서 반려견 행동전문가로 일해 보고 싶다면 CCPDT^{Certification}

Council for Professional Dog Trainers 라는

독트레이너 전문가 자격인증 위원회(www.ccpdt.org)에서 실시하는 반려견 트레이너 과정에 도전해 보는 것도 좋다. 전 세계 30여 개국에서 통용되는 국제자격증으로, 현재 독트레이너 분야에서 가장 공신력 있는 자격증 인증기관이다.

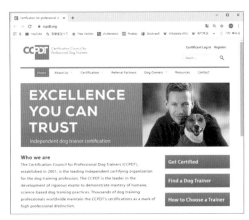

전문가 자격인증 위원회로 유명한 CCPDT.
www.ccpdt.org

우리나라의 반려동물 인구는 약1000만 명으로 추산되고 있다. 그중에서도 반려견 인구는 약 500만 명 이상이라고 한다. 반려견 인구가 늘어난 데에는 반려견에 대한 사람들의 인식 전환과 1인 가구, 노령인구 증가, 핵가족화 되어가는 사회적 변화에서 원인을 찾을 수 있다.

하지만 반려견 인구 증가에 비해 반려견에 대한 이해가 아직 많이 부족한 게 현실이다. 요즈음 반려견 행동 전문가들이 나오는 전문 TV프로그램을 비롯해 반려견 행동 교육원, 반려견 훈련소, 애견카페, 애견유치원 등이 증가하는 것도 가족인 반려견을 이해하고자 하는 반려인들 때문이다. 이러한 변화는 반려견을 더 이상 동물이 아닌

현대인들은 반려동물과의 삶에서 오는 정신적 행복감을 이야기한다.

평생의 가족으로 받아들이고자 하는 사람들의 생각이 변하고 있다는 것을 보여준다. 미국이나 유럽 일본 등에서는 의뢰인의 요청에 의해 가정 방문을 통해 상담과 교육을 하는 반려견 행동전문가들도 있다.

반려견에 대한 인식의 변화는 반려견 행동전문가들의 진출 분야가 좀더 확대되고 다양해지는 전환점이 될 것으로 전망된다.

반려견 교육에 담긴 과학-파블로프의 조건반사 실험, 알파독 훈련법, 카밍 시그널

반려견 교육하면 가장 먼저 떠오르는 유명한 실험이 하나 있다. 바로 러시아의 생리학자인 파블로프의 개 실험이다.

파블로프는 먹이를 보면 자연적으로 침을 흘리는 개를 관찰하면서 인간의 학습 원리에 대한 궁금증을 가지게 된다. 이 실험은 무조건 자극에 의한 무조건 반응에 특정한 조건 자극을 형성해줌으로써 조건 반응을 이끌어내는 실험이다. 여기서 무조건 자극unconditional stimulus은 개의 먹이다. 특정한 의도가 들어가 있지 않은 자연스러운 자극이다. 먹이에 침을 흘리는 개의 반응을 무조건 반응unconditional response이라고 한다. 무조건 반응은 무조건 자극에 대한 자연스러운 반응이다.

파블로프는 개의 무조건 자극에 하나의 조건 자극conditional stimulus을 연결시켰다. 그것은 종소리였다. 개에게 먹이를 줄 때마다 종을 울렸다. 종소리라는 조건 자극이 계속되자 종소리가 들리면 개는 침을 흘리는 조건 반응conditional response을 일으키게 된다, 조건 반응은 종소리라는 조건 자극이 무조건 자극

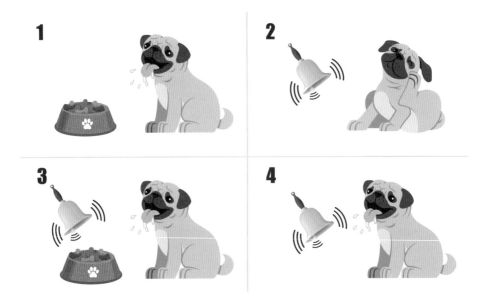

과 연합되어 발생하는 후천적으로 학습된 반응이다.

파블로프의 개 실험은 인간 학습연구뿐만 아니라 강아지 학습법에도 적용될 수 있다. 훈련사는 강아지에게 간식이라는 무조건 자극에 '앉아'라는 소리 자극을 새롭게 입혀 조건 자극을 만들어 낸다. 새롭게 만들어진 조건 자극인 앉아는 간식이라는 무조건 자극과 연합되어 새로운 조건 반응을 일으킨다. 먹이와 연관된 앉아는 반복된 훈련을 통해 학습된다. 결국 간식 없이 앉아라는 조건 자극이 주어지면 강아지는 자리에 앉는 조건 반응을 일으키게 되는 것이다.

하지만 여기에서 보상으로 주어지는 간식을 계속 주지 않고 학습된 앉아만을 하게 되면 강아지는 조건 반응인 앉는 자세를 취하지 않게 된다. 더 이상 간식이라는 무조건 자극이 없어지면서 학습된 조건 자극에 의한 조건 반응도

사라지는 소거현상이 발생하기 때문이다. 그래서 반려견 훈련사는 적절한 조건 자극과 무조건 자극을 연결하여 학습된 조건 반응이 소거되지 않도록 적절한 훈련을 지속적으로 해야 한다.

반려견 교육은 매우 다양한 방법이 있지만 현재 가장 주류는 '알파독' 이론과 '카밍 시그널' 이론에 근거한 교육법이다.

알파독 훈련법의 시초는 1900년대 초반 독일군이다. 이 당시 강아지들은 특별한 훈련법이나 개의 행동 심리에 대한 이해 없이 강압적인 방법으로 훈육되어 전쟁에 투입되었다. 동물행동에 관한 과학적 연구가 전무했던 시절 강압적인 훈련 방식은 군대에서 매우 효율적으로 이용되었으며 많은 사람들에게 자연스럽게 인식되었다.

이후 동물의 행동과 심리를 과학적으로 연구하는 동물학과 동물행동 심리학 등이 발달하기 시작하면서 알파독 훈련법에 과학적 이론이 뒷받침된다.

1947년 동물학자 루돌프 쉔켈Rudolph Schenkel 박사는 논문 〈Expressions Studies on Wolves〉에서 알파 이론을 주장한다. 쉔켈 박사에 따르면 늑대무리는 엄격한 서열이 존재하며 서열의 최우위에 있는 리더인 알파 늑대에 의해

알파독 훈련법에 기초한 군견의 훈련.

무리의 질서가 유지된
다고 한다. 알파 늑대는
서열이 낮은 늑대를 강
압적으로 복종시켜 무
리의 질서를 유지하고
통제한다는 것이다. 알
파독 훈련법은 쉔켈 박
사의 알파 이론을 기초
로 만들어진 훈련법으

늑대를 연구한 루돌프 쉔켈 박사의 논문은 알파독 훈련법의 과학
적 근거가 되었다.

로 늑대의 후손인 개 또한 늑대와 같은 알파인 리더가 필요하다는 생각을 기
반으로 하고 있다.

알파독 훈련법의 핵심 중 하나는 강아지에게 가족의 알파가 누구인가를 확
실하게 각인시켜주는 것이다. 강아지는 교육을 통해 가족 중에서 알파인 리더
가 누구인지를 정확하게 인식하고 복종하는 법을 배운다. 훈련사는 때때로 전
기충격, 초크체인(강아지를 통제하기 위해 만든 짧은 줄), 강압적으로 뒤집기 등
강한 압박행동을 취해 강아지를 제압하고 행동을 통제한다.

알파독 훈련법을 따르는 훈련사들은 강아지를 의인화(사람처럼 생각하는 것)
하는 것을 금기시한다. 강아지와 인간의 생활방식을 철저하게 분리해야 서로
행복할 수 있다고 생각하기 때문이다.

그렇다고 해서 알파독 훈련법 자체를 무조건 오해해서는 안 된다. 강아지
교육을 위한 훈련법의 기초와 근간은 알파독 훈련법에서 시작된 것이 많다.
알파독 훈련법의 장점은 비교적 짧은 시간에 효과적으로 교육을 시킬 수 있다

는 것과 폭력성이 심하거나 위협
적인 강아지에 대한 확고한 대처
법으로 사고에 대비할 수 있다는
것이다. 또한 동물행동학을 바탕
으로 하는 과학적 근거를 가지고
있다는 것이다.

어질리티를 학습하는 개들에게는 어떤 이론이 적합
할까?

하지만 동물심리학, 행동학의
연구가 다변화되고 시대적인 분
위기가 변화하면서 알파독 훈련법은 적지 않은 난관에 부딪히게 된다. 알파독
훈련과정 중에 나타나는 강아지들의 불안 심리와 견주의 학대로 인한 이상행
동, 교육 중 사고사, 강아지의 폭력성 증가 등 다양한 부작용이 나타나면서 비
인간적인 훈련법이라는 비판을 받게 된 것이다.

알파독 이론의 근거가 되었던 쉔켈 박사의 이론도 1999년 동물학자인 데이
빗 미치 박사의 야생늑대 연구를 통해 늑대는 서열이 없다는 것이 입증되면서
과학적 근거 또한 흔들리기 시작했다. 이것은 인간들의 시대적 분위기와도 맞
물린다. 강압적이고 획일화된 시대를 지나 자유와 평등, 민주적인 사회분위기
가 정착되면서 강아지 훈련법 또한 강아지 입장을 강조하는 자유로운 교육법
과 생명으로서 존중받아야 할 동물권의 등장으로 새로운 변화를 맞게 된 것
이다. 이러한 변화의 흐름 속에 탄생한 것이 카밍 시그널^{calming signal} 훈련법
이다.

카밍 시그널은 노르웨이 강아지 훈련사 투리드 루가스^{Turid Rugaas}가 집필한
책에서 처음 언급된 것으로 강아지 간의 의사소통 신호를 말한다.

카밍 시그널은 강아지의 몸짓언어를 이해하고 교감하는 인도적인 훈련법으로 알려져 있다.

카밍 시그널은 위협적이거나 불편한 상황에 있는 강아지가 상대방을 진정시키기 위한 몸짓언어^{body language}다. 강아지의 시선회피, 하품하기, 땅냄새 맡기, 눈 깜빡이기, 급정지 등 수많은 강아지의 행동이 의미하는 감정 신호를 파악하여 강아지 훈련과 교육에 이용하는 방법이다.

카밍 시그널 이론은 오랜 세월 명령과 복종을 기본으로 하는 알파독 훈련법을 당연하다고 믿어왔던 강아지 훈련사들에게 적잖은 충격이었다. 강아지 입장에서 강아지가 원하는 것이 무엇이고 현재 어떤 감정과 상황에 있는가를 파악해야 한다는 발상이 매우 획기적이었다.

카밍 시그널은 복종을 강요하는 몸짓이나 강한 명령어 한 마디 없이 강아지 스스로 훈련사의 의도를 알아채고 행동에 옮길 수 있도록 유도해야 한다. 그래서 훈련사의 오랜 기다림과 인내를 필요로 한다.

카밍 시그널 훈련법도 단점은 있다. 공격성이 극심한 강아지를 훈련시키는 데는 많은 어려움이 있으며 교육에 오랜 시간이 필요하다는 것이다. 또한 카밍 시그널은 동물행동을 분석하는 동물학자의 연구 결과를 통해 과학적으로 증명된 개념이 아닌, 한 훈련사의 오랜 경험적 관찰에 기반한 이론으로 아직

명확하게 밝혀진 과학적 근거가 부족하다는 것도 공격받고 있는 부분이다. 정확하게 파악되지 않은 강아지의 카밍 시그널을 훈련사가 오해하기 시작하면 오히려 보호자와 강아지의 갈등이 더 심각해질 수도 있다.

아직까지는 카밍 시그널에 대한 정확한 매뉴얼이 없다. 그래서 카밍 시그널을 이용하는 훈련사에게는 오랜 경험에서 나오는 고도의 전문성과 노련함이 요구된다.

카밍 시그널에 대한 주목할 만한 연구로는 2017년 이탈리아 피사대 수의학 연구진의 실험이 있다. 이 실험에서 연구진은 24마리 강아지의 2,130가지 행동분석을 통해 강아지들 간에 카밍 시그널이 소통되고 있는가를 알아내고 효과를 검증하는 결과를 발표했다.

실험은 강아지들 간에 카밍 시그널이 높은 확률로 관찰되지만 대체적으로 처음 접하는 익숙하지 않은 강아지들 사이에서 더 많이 나타나고 있으며 카밍 시그널로 인해 공격적이거나 위협적인 행동이 감소되는 것을 관찰할 수 있었다고 한다.

한편으로는 카밍 시그널이 전혀 나타나지 않은 강아지도 있어 연구진들 또한 카밍 시그널에 대한 완전한 결론은 보류 중에 있다. 카밍 시그널 연구는 현재, 동물행동학이나 수의학, 동물학 등 관련 학자들에 의해 진행중인 분야로, 앞으로 관심과 기대가 더 커질 것으로 전망된다.

알파독 훈련법과 카밍 시그널 훈련법은 강아지와 인간의 관계를 어떻게 설정해야 하는가에 대한 관점의 차이 때문에 다른 방향을 걷고 있는 훈련법이다. 군대나 경찰에서는 마약 단속, 인명구조, 폭발물 탐지 등을 위한 특수 목적견 훈련에 개선된 알파독 훈련법이 더 효율적일 수 있다. 보호자와 함께 생활하는 가정견인 경우, 보호자와 강아지가 오랜 시간 동안 서로에게 적응해가며 소통할 수 있는 카밍 시그널 훈련법이 더 효율적일 수도 있다.

훈련법은 하나의 과정일 뿐이다. 분명한 것은 가족의 리더로서 친구로서 반려인으로서 그 위치가 무엇이던지 간에 강아지들은 우리와 끊임없이 소통하기를 원한다는 것이다. 이제 인간만 그 끈을 놓지 않으면 된다.

컬러리스트

컬러리스트는 색채 자료를 수집, 분석하여 용도에 적합한 색채를 찾아내 다양한 상품과 환경, 공간, 이미지에 적용함으로써 효과를 극대화하는 일을 하는 색채 전문가를 말한다.

현대사회는 색채의 시대다. 색은 패션, 인테리어, 액세서리, 메이크업 등 디자인 관련 분야를 비롯한 색채 심리치료, 이미지 컨설팅, 색채 마케팅, 미술치료와 같은 심리와 서비스 관련 분야에도 핵심적인 요소로 사용된다.

컬러리스트는 유행하는 색을 빨리 파악하여 브랜드 이미지와 서비스에 접목할 줄 아는 안목

이 필요하다. 또한 제품과 서비스, 공간에 부여된 디자인 의도를 인지하여 그에 맞는 색상의 방향을 기획하고 결정하는 일을 한다.

다양한 색채를 배합하여 새로운 색을 만들고 연구, 분석하는 것도 컬러리스트가 하는 일 중 하나다. 주로 디자인 관련 기업이나 색채 연구소 등에서 일을 하며 산업디자인, 시각디자인, 색채학 등 관련 전공을 하면 매우 유리하다. 하지만 관련 사설 교육기관이나 직업전문학교를 통해서도 진출할 수 있으며 관련 국가 공인 자격증으로는 컬러리스트 산업기사와 컬러리스트 기사가 있다.

컬러리스트는 색을 다루는 일의 특성상 색을 구별하고 응용할 수 있는 색채 감각과 미적 감각이 뛰어난 사람에게 매우 유리한 분야다. 색감을 익히는 과정은 훈련과 연습을 통해 향상될 수 있지만 타고난 감각이 있다면 좀 더 쉽게 접근할 수 있다. 컬러리스트는 새로운 색을 만들어 내고 분석하는 일도 하므로 섬세한 분석력과 창의력이 요구된다.

색은 인간의 감정과 사회현상을 반영하는 도구이기도 하다. 대중의 심리나 트렌드의 변화를 읽어내어 새로운 색채를 제시하거나 제품에 반영하는 능력은 미적 감각만으로는 한계가 있다. 대중과 사회 현상의 변화에 끊임없는 관심을 가지고 관찰하는 습관이 필요하다.

미국의 세계적인 색채회사이자 연구소인 팬톤^{PANTONE}은 해마다 올해의 색을 발표한다. 올해의 색 선정에는 세계의 정치, 경제, 문화, 사회적 이슈$^{(issue)}$

팬턴이 2020년의 색으로 선정한 컬러는 네오민트이다.

를 반영해 그 의미에 적합하고 어울리는 색을 선정한다.

팬톤의 올해의 색은 전자제품, 패션, 인테리어, 인쇄, 영상, 화장품 등 수많은 분야에 적용되며 트렌드에 큰 영향을 미친다. 색채 이미지를 상품과 연결해 성공시킨 대표적인 기업으로는 코카콜라가 있다. 코카콜라의 대표색은 빨간색이다. 많은 사람이 코카콜라를 떠올릴 때면 빨간색의 상표가 떠오른다.

장수하는 상품은 그 상품만의 고유 컬러를 가지고 있다.

빨간색은 주의 집중도를 높이며 활기차고 역동적인 느낌을 준다. 또한 식욕을 돋운다. 이렇듯 색채는 사회적 이슈를 표현하고 효과적인 마케팅 요소로도 쓰인다. 사람들은 문자나 말로 하는 설명보다 그림이나 색을 한눈에 인식하며 더 빨리 기억해낸다. 이러한 색의 효과 때문에 색채는 디자인, 심리, 의료, 컨설팅, 서비스, 영상 등 다양한 분야에 없어서는 안 될 중요한 구성요소가 되어가고 있다. 컬러 마케팅, 컬러 이미지 컨설팅 등의 분야가 탄생하게 된 이유도 색채가 주는 엄청난 힘 때문이다. 이러한 사회의 변화는 컬러리스트의 입지와 활동영역을 더 확대할 것으로 전망된다.

색채에 담긴 과학

따뜻한 봄, 정원에 핀 아름다운 형형색색의 꽃을 보고 있으면 색이 주는 안정감과 충만함으로 기분이 좋아지는 것을 느낄 수 있다. 때때로 인간은 색을 통해 감정을 표현하기도 한다. 기분이 우울하면 밝은 색의 옷으로 기분전환을 하고 장례식장에는 애도의 뜻을 담아 검은색 옷을 입는다.

거꾸로 색 안에 마치 감정이 있는 듯한 느낌도 든다. 색을 느끼는 감정을 누가 처음부터 정해준 건 아닌데도 우리는 검은색에서 어둠과 공포를, 노란색에서 따뜻함과 밝음을 느낀다. 색은 마치 함축된 언어처럼 우리에게 수많은 메시지를 주고 행동하게 만든다.

문자가 만들어지기 훨씬 이전부터 인류는 색이 주는 상징성에 의미를 담아 소통했다. 고대벽화에서는 붉게 타오르는 태양을 생명의 근원으로 여겼으며 각각의 위치가 의미하는 방위의 특성은 오방색을 통해 표현하기도 했다. 계절의 흐름을 나타내는 십이지에도 청, 적, 황, 백, 흑으로 표현되는 색깔의 의미가 들어가 있는 것을 아는 사람은 많지 않을 것이다.

그렇다면, 우리에게 이렇게 다양하고 복합적인 의미를 주는 색은 어떻게 만들어지고 인식하게 되는 것일까?

태양은 매일 엄청난 양의 전자기파를 지구로 보내고 있다. 빛은 태양이 보내오는 전자기파 중 하나로 우리 눈으로 관찰 가능한 가시광선visible light을 말한다. 빛을 분산시키는 삼각 프리즘에 태양 빛을 굴절시켜보면 백색광인 태양 빛이 분산되면서 빛의 스펙트럼spectrum 현상이 생기는 것을 볼 수 있다.

스펙트럼은 백색광인 태양 빛이 프리즘을 통과하면서 각각 다른 파장을 가진 단색광으로 굴절, 분산

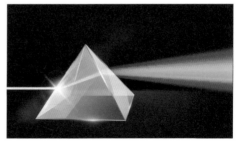

삼각 프리즘을 통해 살펴본 빛의 스펙트럼.

되어 발생하는 연속적인 띠를 말한다. 우리가 무지개라고 하는 7가지 색은 백색광이 파장에 따라 다른 굴절도를 가지고 나누어진 7개의 단색광을 말하는 것이다.

인간의 눈으로 볼 수 있는 파장의 영역인 380~770nm(파장)를 가시광선이라고 한다. 가시광선 영역에 포함되는 색은 파장의 길이에 따라 나눌 수 있다. 파장이 가장 긴 700~610nm는 빨강, 610~590nm는 주황, 590~570nm는 노랑, 570~500nm는 초록, 500~450nm는 파랑, 450~400nm는 보라색이다. 빛은 일종의 전자기파로서 우리가 볼 수 있는 파장 영역 대의 가시광선만을 지칭한다.

하지만 눈에 보이지 않는 파장 영역에 있는 자외선과 적외선도 넓은 의미의 빛이라고 할 수 있다. 적외선infrared ray은 장파인 빨간색 바깥쪽에 위치하며 열을 내는 작용을 한다. 그래서 공업용, 의료용, 연구용으로 많이 사용된다.

자외선UV,ultraviolet rays은 단파인 보라색 바깥쪽인 대략 290~190nm(파장) 영역에 속해 있으며 가시광선보다 짧은 파장을 가진다. 자외선은 살균작용을 하지만 과다하게 노출되었을 때는 피부 노화나 피부암 등 치명적인 병을 유발한다.

UV-B(280~320nm)와 극소량의 UV-A(320~400nm)를 제외한 100~280nm 파장을 가지고 있는 UV-C는 지구 오존층에서 완전히 흡수된다. UV-C는 염색체 변이와 각막 손상, 단세포 생물 살상 등 지구 생명체를 파괴할 수 있을 만큼 엄청난 위력을 가진 자외선 파장이다.

그래서 지구 오존층 보호는 곧 지구 생명체 보호와 같은 의미를 지닌다. 적외선과 자외선은 인간이 감지할 수 있는 시력의 한계 때문에 관찰할 수 없지

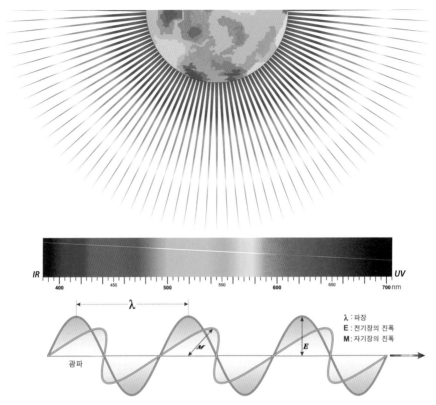

태양으로부터 전해지는 빛의 스펙트럼.

만 뱀, 나비 등을 비롯한 곤충과 동물들은 특유의 감지선을 통해 적외선과 자외선을 감지할 수 있는 능력이 있다.

인간은 왜 특별한 감정과 생각으로 색채를 인지할까?

그 이유는 인간이 빛을 보고 인지하는 뇌의 구조에서 답을 찾을 수 있다.

우리가 사물의 형태, 색깔을 감지할 수 있는 이유는 훌륭하고 정교한 안구와 뇌를 가지고 있기 때문이다. 하지만 인간의 눈만으로는 사물을 인지할 수 없다. 사물을 보기 위해서 꼭 필요한 것 중 하나는 빛이다. 우리의 눈은 빛을

사람 눈은 빛의 반사 현상을 통해 사물을 인지한다.

감지하는 데 최적화되어 있다. 우리가 사물의 형태와 색깔을 인지할 수 있는 이유는 사물에 도달한 빛의 반사 현상 때문이다.

빛을 흡수하는 모든 사물에는 고유한 파장이 있다. 이 파장의 고유진동수와 일치하는 빛의 파장은 흡수가 되며 일치하지 않는 파장은 모두 반사해 밖으로 튕겨낸다. 이때 반사되어 튕겨 나온 빛이 우리 안구를 통해 뇌에 전달되면 사물의 형태와 색깔을 인지할 수 있게 되는 것이다.

반사된 빛은 카메라 렌즈에 해당하는 눈의 수정체를 지나면서 굴절된다. 마치 볼록렌즈처럼 굴절된 빛은 필름에 해당하는 망막에 도달하여 거꾸로 상을 맺

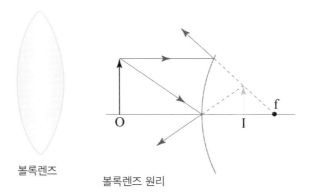

볼록렌즈

볼록렌즈 원리

는다. 거꾸로 맺힌 상을 보는 것은 눈이 아니다. 눈은 빛을 조절하여 뇌로 정보를 전달해주는 하나의 도구일 뿐이다. 이것을 분석하는 것은 눈이 아닌 뇌에서 벌어지는 일이다.

망막에 맺힌 거꾸로 된 상에 대한 정보는 시신경의 신경전달 물질들에 의해 뇌로 전달된다. 이때 뇌는 망막에서 오는 정보를 뒤집어 분석하여 올바른 사

물의 형태를 인지할 수 있게 되는 것이다.

이 과정에서 빛은 매우 중요한 요소다. 빛에서 오는 정보가 없다면 우리의 눈은 무용지물이 될 것이며 시신경으로 연결된 뇌 또한 정확한 판단과 분석이 어렵다. 그래서 뇌는 빛이 주는 정보를 해석하는 데 있어 매우 정교한 뇌 시스템을 작동한다.

우리의 뇌는 감정과 논리, 창조, 생명 유지를 담당하는 신피질, 변연계, 뇌간(157쪽 참조)으로 구성된 아주 복잡한 구조의 기관이다. 이 뇌의 영역들은 서로 긴밀하게 연결되어 정보를 주고받으며 통합적인 분석과 결론을 도출하게 된다. 이러한 이유로 뇌가 색채를 바라볼 때, 다양한 감정과 논리, 장, 단기기억에 의한 경험 등을 총동원하여 지극히 개인적이고 주관적인 해석을 할 수 있게 되는 것이다. 같은 분홍색 옷을 보면서, 어린 시절의 소중한 추억을 떠올리는 사람과 어린 여자아이들의 전유물 같은 유치한 느낌에 사로잡히는 사람이 나올 수 있는 것이다.

과학적인 관점에서 바라보는 색은 빛의 파장에 의한 반사 현상일 뿐이다. 하지만 그 파장이 단순한 진동을 넘어 인간의 생각과 감성, 심지어는 신체 활동에까지 영향을 미칠 수 있는 이유는 빛에 담긴 정보를 자신만의 정신과 감성에 연결해 해석해낼 수 있는 특별한 뇌가 있었기 때문이다.

참고 도서

100가지 과학의 대발견　켄들 헤븐 지음, 박미용 옮김, 지브레인

4차 산업혁명 미래 직업카드　㈜한국콘텐츠미디어 지음, 한국콘텐츠미디어

CRACKING 브라이언　크레그 지음, 박지웅 옮김, 북스힐

고교생이 알아야 할 물리 스페셜　신근섭, 이희성 외 지음, 신원문화사

머리를 비우는 뇌과학　닐스 비르바우머, 외르크 치틀라우 지음, 오공훈 옮김, 메디치미디어

물리 화학 법칙 미술관　김용희 지음, 지브레인

미래직업 어디까지 아니　박영숙 지음, 고래가숨쉬는도서관

세계미래보고서 2055　박영숙, 제롬 글렌 지음, 이영래 옮김, 비즈니스북스

세포가 뭐예요?　살바도르 마시프 지음, 윤승진 옮김, 아름다운사람들

수소전기차 시대가 온다　권순우 지음 가나출판사

수학으로 보는 4차 산업과 미래 직업　박구연 지음, 지브레인

알고 나면 잘난 척하고 싶어지는 과학의 대발견 77　이보경 지음, 지브레인

알고 나면 잘난 척하고 싶어지는 수학의 대발견 77　박구연 지음, 지브레인

유엔미래보고서 2040　박영숙, 제롬 글렌 외 2인 지음, 교보문고

카밍 시그널　투리드 루가스, 다니엘 K. 엘드 지음, 혜다

커리어넷 해외신직업　한국직업능력개발원

참고 사이트

두산백과　www.doopedia.co.kr/

이미지 저작권